小户型
设计解剖书

〔日〕X-Knowledge 编

李 慧 译

江苏凤凰科学技术出版社

目录

第一章 设计达人的小户型住宅设计法则

建造小户型住宅不能忽视"让人心情舒畅"的本质。不管什么样的条件，不能只注重功能，还要利用空白部分来创造充足的居住空间。通过本章来学习三个设计达人的设计手法吧！

有效利用
纵向空间
纵向露地住宅

YASUMITSU TAKANO
高野保光　游空间设计室

只有 3.20 m² 的玄关。地板是芦野石。正面有钢铁制作的螺旋楼梯，引导视线向上。从窗户进入的光线，在有限的空间里营造出进深感。

三楼的窗户外面刚好是树冠。因为南面是干线道路，来往行人比较多，将来不用担心采光。

这个案例是在 44.12 m² 的狭小用地上一家四口生活的住宅，南侧是干线道路，其余三个方向是邻居。这块土地的优点是眼前的行道树（三角枫）。每到秋天就能欣赏到美丽的枫叶。怎样把这个行道树取景到室内，是设计的关键。为了避开道路上行人的视线，一楼建墙壁，二楼和三楼尽量开着面向行道树的窗户。为了能在各个房间欣赏到窗外的行道树和透过的阳光，在窗户的内侧设置楼梯井，用螺旋楼梯把各个楼层连接起来。把这个空间作为"纵向露地"，一边欣赏近在眼前的窗外行道树，一边来回走，这也成为这个住宅最丰富多彩的场所。

如果是狭小用地，无论如何都要确保房间有足够的容积。但并不是把那个作为关键点，而是首先要置身用地之中，彰显其形象。

不从房间布局开始。换言之，最重要的是，设计的顺序并不是固定的。

用自然石作为踏脚石的通道，短距离离营造出美好的印象，使来访者眼前一亮。在道路旁边设置墙壁，为的是不能完全看到玄关门。

一 不从房间布局开始

设置配合行道树的窗户。三个方向被住宅包围的这个用地，这里是景色最好的地方。

建筑概要

家庭结构：夫妇和两个孩子
竣工：2012 年 5 月
施工：内田产业
用地面积：44.12 m²
建筑面积：31.97 m²
使用面积总和：75.69 m²

纵向露地住宅 剖面图

从玄关进入，不在对面岛式厨房的背面配置餐具柜和冰箱。阳光透过天窗，照射在墙壁上。把餐具柜和冰箱安置在距离厨房数步之遥的东面墙壁。

二 长动线让人感觉良好

三 只有打造好墙壁，才能拥有性能良好的窗户

行道树的树荫落在石灰墙壁上非常美丽。窗户设计成从道路上看不到室内的高度，窗下放置花架，在那里放置的观叶植物和室外的绿色相呼应。

一楼平面图

410.6　5400　450
840　840
3720
原有的预制钢筋混凝土墙H=1720
和邻居家的边界线6261

热水器
上面天窗
碗柜
厕所
洗手间
内装
冰箱
和邻居家的边界线6766
紫竹
马醉木
冬青
私有道路
壁龛的柱子
ø840（柳安木）
日式暖炉
ø840（樱桃木）
茶室
桌子制作
720×1680
餐厅兼厨房
可移动椅子
和邻居家的边界线7256
720
740
3850
2390
6343
1149.5
1060.5
2493
283
鞋柜
素土地面房间
上部娱乐
壁龛
门牌
内线电话
信箱
门廊
连香树
门廊
PS
1363.5
1212
6014.7
2380
151.5
1059.3
907.8
美浓石
和邻居家的边界线 6348

720　960
1680
1170
1505　1045
唐枫

专栏 1

起居室的一部分作为阳台

如果是狭小用地，想要扩展哪怕很少的空间，墙壁都会靠近邻居家，那样就会介意邻居家窗户，不能把窗户全打开。即使有窗户，如果一直拉着窗帘的话，阳光和风也很难进入房间。因此，通常来讲，起居室的一部分作为阳台，这样就可以创造出外部空间，拉开与邻居家的距离。把定制的扶手设置得比较高，在起居室和阳台设置大的落地窗。在楼梯井种植狭叶四照花，把内外连接起来，作为一个吸收阳光、风和绿色的丰富多彩的空间。这样一来，邻居家窗户从视觉上消失了，相反，邻居家的瓦创造了别样的景色。"打开窗户生活"是建筑方的喜悦之声。狭小用地容积率不够高，像这样建造阳台，则可以拉开和邻居的距离，让光线透进来，增强进深感。

二楼平面图

书架
厕所
上部茶室
洗衣机
楼梯间
厨房
大厅
茶室
楼梯井

一楼的面积只有 28.80 m²。除了起居室、餐厅和厨房，还配有玄关、螺旋楼梯、盥洗室和厕所。主要的起居场所有餐厅，设有嵌入式圆桌子，没有设置沙发。在餐桌用餐、吃火锅等就围坐在圆桌子边。地板线稍微抬高，从厨房也能看到二楼窗外的风景。

还有，小户型住宅要注意室内装饰不要过于烦琐，确保墙壁的牢固。不要过于在意窗户的设计，不管哪面墙壁都很难产生安装窗户的空白。只有打造好墙壁，才能拥有性能良好的窗户。这样，才能让光透过窗户，墙上装饰的小东西也都栩栩如生了。

有较高家具、需要脱鞋进入的日式住宅中，地面和桌子的高度有不协调的感觉。在展示厅选家具的时候，可以脱掉鞋子坐下来试一下，桌子的高度是 0.65 m，椅子的座面高度是 0.39 m。

四

起居室不仅仅有沙发

二楼平面图

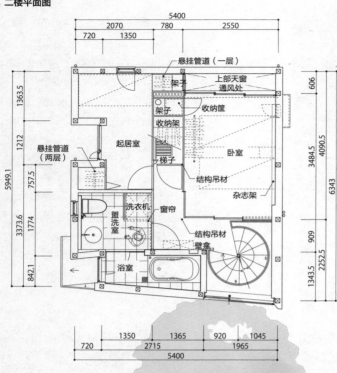

使拉门处于收起状态，隔着螺旋楼梯也能看到行道树，不在楣窗的位置设置门窗隔扇或墙壁，视线可以穿过去。

在不足 20 m² 的小卧室，透过随意组合的细木条的拉门，洒满了柔和的光线。

用拉门隔开

拉门不仅仅用于日式房间。卧室也可以很好地利用。用拉门隔开，连在一起的东西之间的界限变得模糊，给予空间进深感和自由度。

8

专栏 **2**

飘窗的设计很重要

设计飘窗的时候，应充分考虑从窗边能看到风景。另外，座面和脚下之间的水平差，也是在窗边就座时很重要的一点。图片展示的是将窗沿用作长凳。设置窗沿的座高，座面稍微倾斜一点，那样的话，坐上去和摸起来的感觉很好。"坐"也是一种"触摸"。飘窗材料也要留意。

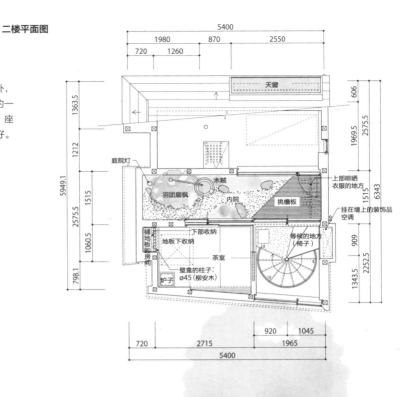

窗框长凳详图

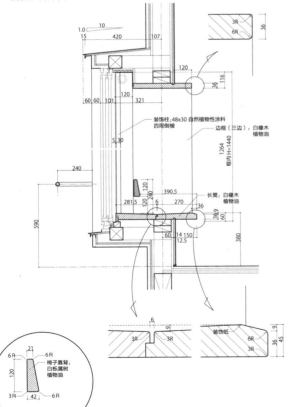

六 巧用斜线打造魅力小窝

三楼有面积为 3.2 张榻榻米（一张榻榻米为 1.62 m^2）的茶室。提高地板的高度，成年人可以弯腰进去。虽然不是住宅的中心，但侧面和角落有亮点的狭小场所也是比较赏心悦目的。住宅带有内院，北侧有斜天花板的阁楼，索性把那个狭小的地方建成孩子们玩耍的场所。

丰富空白用地

i-works 2.0

SATOSHI IREI
伊礼智 伊礼智设计室

南侧庭院铺有 4.35 张榻榻米的木制甲板，可作为户外起居室让人在这里享受休闲时光。

这块 186.01 m² 的土地是梯形的不规则用地，东侧和北侧都是道路的拐角地段，南侧是邻居。这绝不是一块条件良好的土地，但对计划建造一个小户型住宅来说，用地绰绰有余。在有限的预算内，把住宅建成小户型，剩下的预算用于购买对整体比较有用的材料，用于装饰外观和植栽，还有备齐家具。不追求不必要的宽度，选择把预算用在提高建筑质量和丰富生活上。

这个住宅的南侧建有庭院，铺着宽阔的木制甲板。户外开放的木制甲板具有和室内完全不同的舒适感。但是，沙发的旁边没有铺甲板，为了能欣赏到绿色而种植植物。尽管内部空间很小，但如果能享受外部空间，也能生活得很丰富吧。

除此之外，像河边的风景那样种植植物，充分考虑来回动线，也能设计出虽小但富有变化的庭院。

在停车场种植植物。不仅是为了看起来美丽，也有为城市提供绿色、丰富室内房屋排列的心意。小户型住宅的周边环境也是优美的。

混凝土的通道也是为了绿化而设计的。

东侧正面的外观。从道路延伸至玄关的小路。建造庭院的目的是"为城市提供绿色"，构成城市景色的一部分。

一　用心设计街道和住宅之间的部分

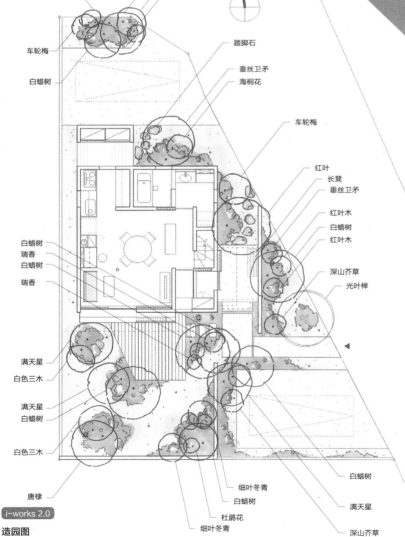

罗团扇枫
车轮梅
伞序石斑木
红叶木
车轮梅
白蜡树
踏脚石
垂丝卫矛
海桐花
车轮梅
红叶
长凳
垂丝卫矛
红叶木
白蜡树
红叶木
深山芥草
光叶榉
白蜡树
瑞香
白蜡树
瑞香
满天星
白色三木
满天星
白蜡树
白色三木
唐棣
细叶冬青
白蜡树
杜鹃花
细叶冬青
白蜡树
满天星
深山芥草

i-works 2.0
造园图

停车场确保可以容纳两辆车。没必要并排停放。和建筑物并排的停车场侧面也种植植物。

建筑概要

竣工：2014 年 7 月
施工：阿部建设
造园：荻野寿也
用地面积：186.01 m²
一楼使用面积：38.96 m²
二楼使用面积：37.59 m²
阁楼使用面积：14.45 m²
使用面积总和（一楼和二楼）：76.55 m²

二 有效利用对角线，让空间更宽阔

让房间显得宽阔的基本手法，例如，正方形的房间，可以有效利用对角线（最大视觉）。因为充分利用是房间边长 1.4 倍的对角线，能让人感到房间变宽阔。像这个房间这样，没有选在墙壁的正中间，而是在靠近墙角的地方设置窗户来突出对角线，尽管如此，在小型用地设置大窗户的时候，需要注意防止被窥视这样细微的事情。木制百叶窗能确保私生活的隐秘性，同时也能缓缓地把内外连接起来。

从外部传来各种各样的信息，光与热、风与香味、声音与交流等。吸收丰富多彩的东西，拒绝不好的东西。开口部附近是创造舒适环境的最前线。如果是小户型住宅，开口部理想的状态一定是住着舒服的空间占大部分。

整体开放式窗户安装的是带纱窗的木制百叶窗。白天从外面看不到里面，但是从里面可以很清楚地看到外面。既可以遮挡日晒，又可以通风。

三 在开口部附近惬意地休息

用 2.40 m 间幅的整体开放式拉窗，把外部和内部连接起来。门窗隔扇的结构从外向内是百叶窗、玻璃窗、6 个拉窗。拉窗关闭的时候，可以进来柔和的光线，又具有隔热性。

四 降低台阶的高度，打造小巧的楼梯

在楼梯上面的墙壁设置小窗，消除狭窄感。

　　小户型住宅中，尽量用少的面积打造实用的楼梯。那样，余下的面积可以用于其他地方。为了打造小巧的楼梯，可以降低台阶高度。这个住宅的楼梯高度是 2.52 m，占地 2.50 m²。如果超过这个高度，就必须增加一段踏面，3.30 m² 也收纳不下。另外，可以把楼梯下面作为收纳空间和洗漱台，也可设置成宠物房间。特别是小户型住宅，楼梯作为固定安装家具的一部分，需要特别用心设计，心理上不能松懈。

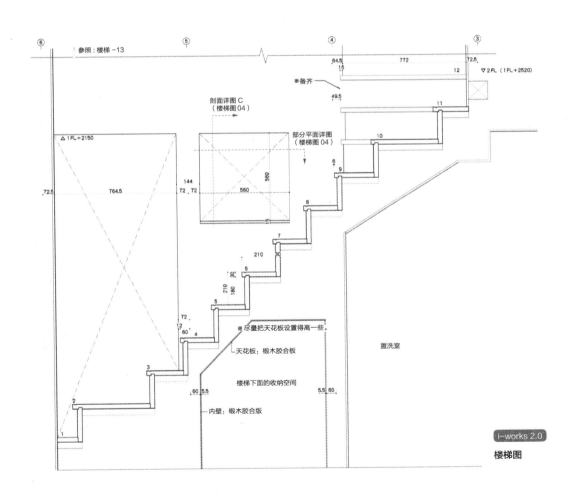

参照：楼梯 -13

剖面详图 C
（楼梯图 04）

部分平面详图
（楼梯图 04）

※备齐

▽2FL（1FL+2520）

△1FL+2150

△1FL+2150

※尽量把天花板设置得高一些。

天花板：椴木胶合板

楼梯下面的收纳空间

内壁：椴木胶合版

盟洗室

i-works 2.0

楼梯图

设计稍大的开口,建造3.30 m²的室内阳台(日光室)。
不管是下雨天还是夜晚,都能放心地晾晒洗好的衣服。
为了晾晒被褥,在窗户安装晾衣竿。

五 把儿童房隔开

二楼的卧室、柱子和梁是露在外面的,是为了将来用
家具和隔断隔开而建造的。用横梁把天花板隔成两部
分,这样就不会感到狭窄。中间的天窗可以透进阳光。

利用阁楼的内部空间是小户
型住宅的一个设计手法。
1.40 m高的空间可用作收
纳,使用方便。在阁楼内部
设置窗户,和二楼卧室连接
起来。

六 可以晾晒衣服的室内阳台

i-works 2.0

二楼阁楼平面图

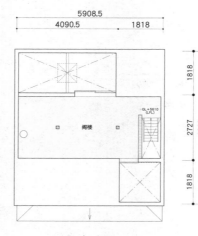

七 不利用阁楼的内部空间就太可惜了

剖面图

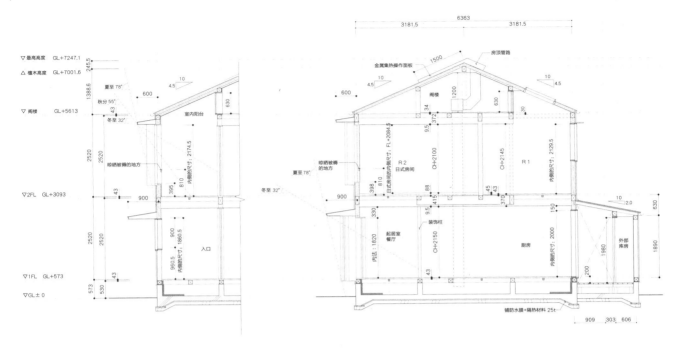

如果小户型住宅的天花板建造得比较高，楼层的高度就必须加高，那样就
容易有疏忽。图片是天花板高度 2.15 m 的起居室兼餐厅。使用面积相同
的情况下，天花板低的房间看上去更宽阔。

上图：把二楼的卧室和榻榻米空间连接在一起的小入口。不安装门，开口比较狭窄，起到房屋之间界限的效果。

下图：如果从榻榻米空间去卧室，要上一个台阶。这个动作也表示着房间功能的变化。

不用门窗隔扇作为隔断

富有乡土气息的住宅

MAKOTO KOIZUMI

小泉诚　小泉设计室

榻榻米空间是可供人闲呆、放熨斗和看电视的地方。扶手（收纳架）的高度设置得坐着时从一楼看不见，虽然看不到，但能进行对话，留有一定的距离感。

这个案例是建在东京近郊新兴住宅区的一个四口之家。周围排列的都是 100 m² 到 135 m² 的住宅。但因预算有限，该住宅不拘泥于"四口之家的标准规格"，是为了夫妇两人和还年幼的姐妹的生活，而打造的宽阔的住宅。

住宅的计划中也有怎样间隔生活空间。除了用墙壁间隔外，使用拉门把房间或间隔或连接，也是一种方法。但是这个住宅采用的是不用门窗隔扇隔开的方法。那么，用什么来间隔呢？在小户型住宅中，"怎样用视线掩饰"这一点很重要。开口和高低差相配合，寻找视线中断的位置和角度、视线连接的位置和宽度等，通过视线控制，即使不使用门窗隔扇，也能使房间之间有界限。

为了不被看到不拘小节的样子

建筑概要

竣工：2014 年 2 月
施工：竹浮住宅建设
造园：小林贤二工作室
用地面积：194.08 m²
一楼使用面积：33.49 m²
二楼使用面积：26.84 m²
阁楼使用面积：6.35 m²
使用面积总和（一楼和二楼）：60.33 m²

富有乡土气息的住宅

平面图

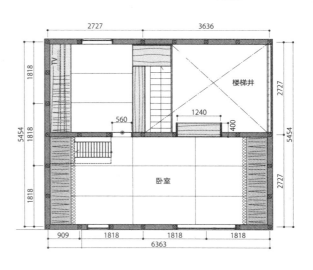

二 把坐的场所设置在房间外面

因为卧室要放床、铺被褥，没有坐的地方。可对着楼梯井设置可供人坐的窗台。座面的进深是 0.40 m。

视线可以通过室内窗，从卧室穿过楼梯井，不会感觉狭窄。从楼梯井西面的高侧窗采光，柔和的光线透过隔扇，从白色的墙壁反射到卧室。

三 餐桌可以移动，空间的功能多样化

这个住宅没有起居室，住宅的中心是一个可移动的大餐桌。大约 8 张榻榻米的房间，不仅仅用于用餐，还是孩子做作业和接待客人的场所。因此，餐桌能够根据需要变换不同的位置，另外，吊灯装入滑轮，变成可移动装置，配合餐桌的移动。

最高高度 ▼
500 350
2250
1400
阁楼 ▼
300
2100 2400
7700
二楼 ▼
400
5450
5454
1818 909 909 1818
控制板
3 10
400
1300
400
1200
4800
2727 2727
5454

2100 3050

一楼 ▼
550
地面 ▼

富有乡土气息的住宅

剖面图

寻找隐藏的高度和角度

富有乡土气息的住宅，通过玄关到厨房的侧面，到达起居室（餐厅兼厨房）。因为没有门窗隔扇，从走廊就可以看到厨房的正面，为了遮挡视线，在厨房里摆放冰箱、小炉子和水槽等。因此，要周密地考虑工作台侧面的地方和收纳进深的尺寸。另外，在有限的面积里会出现收纳不足的情况，要研究一下即使东西露出来也看不到的方法。即使稍微散乱也看不出来，特别是厨房，有时可随意使用。

厨房的长桌子稍微高于1.20 m。
不以收纳为前提，即使露出来，
从起居室也看不到，可以舒适地
使用。

因为玄关一侧的厕所的拉门
是经常打开的，所以就要周密
地设计，以便从玄关和厨房、
餐厅看不到坐便器。厕所有弯
腰便可进入的后门，通过玄关
和走廊，光和风可以进入。

19

像栈桥那样的长甲板，一直延伸到从适当距离眺望住宅的地方。作为矮桌使用的长凳是木匠制作的。因为外面有开放式场所，即使把住宅建成小户型，也不会觉得狭窄。

考虑到私密性，将晾晒衣服的地方设置在住宅的中间。雨天可以把晾晒的衣物移到房檐下面的晾衣竿。

五 适当留白 是必要的

基础工事剩余的土可以堆放在空地上，做成小山丘。孩子们可以在甲板和小山丘之间来回跑着玩耍。

约 200 m² 的这块土地，如果建造标准住宅的话，面积足够。不局限于住宅宽度相对于用地宽度的比率（建筑面积率 50%）这一固定概念，算出必要的生活面积，建成一个建筑面积 40 m²、建筑面积率 20%、容积率 31% 的住宅。在南侧庭院铺设木板，庭院的一个角落是用土堆成的小山丘，是一个大人和孩子都可以享受的开放又舒适的外部空间。

和"必要的部分"相关联的不仅仅是建筑面积，还应考虑合适的窗户尺寸和足够的阳光。一楼餐厅的南面设有一个 1.20 m 的正方形滑开窗（外撑窗）。通过白色墙壁、楼梯井、东面的落地窗和西面的高侧窗等，可全天采光。

六

空间虽小
功能俱全

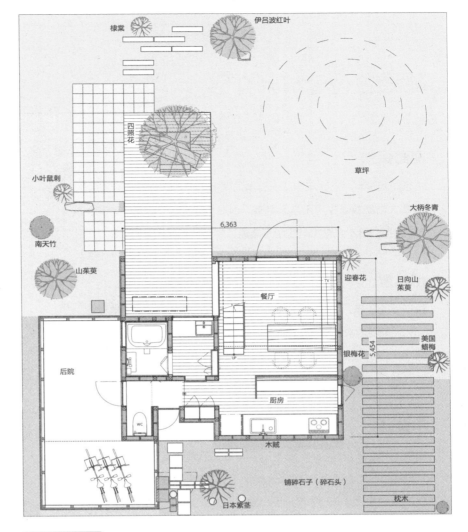

造园图

棣棠
伊吕波红叶
四照花
草坪
小叶鼠刺
大柄冬青
南天竹
6,363
山茱萸
迎春花
日向山茱萸
餐厅
TV
银梅花
美国蜡梅
5,454
厨房
木贼
后院
WC
铺碎石子（碎石头）
日本紫茎
枕木

考虑到功能，合理地设计玄关。

在玄关的侧面设置信箱，与室内的玄关收纳连接起来，不出门也可以取到信件。

北侧正面。玄关门廊是下雨的时候可以收放雨伞的空间，根据玄关门的轨道决定面积大小。内侧设置玄关收纳，合理利用空间。用桧木制作的玄关门的宽度只有 0.60 m。

本章三位建筑师介绍

高野保光

生于 1956 年。1979 年毕业于日本大学生产工学系的建筑工学专业。曾任日本大学助教，生产工学系勤务，1991 年成立游空间设计室。从 2011 年起担任日本大学生产工学系建筑工学专业的兼职讲师。

伊礼智

生于 1959 年。1982 年毕业于琉球大学理工学院建设工学专业。1986 年从东京艺术大学美术学院建筑专业研究生毕业。曾在丸古博男的 Arts and Architecture 事务所工作。1996 年成立伊礼智设计室。2005 年担任日本大学生产工学系建筑工学专业居住设计课程兼职讲师。

小泉诚

生于 1960 年。1985 年到 1999 年师从于原北英氏和原成光氏。1990 年设立小泉设计室 。1998 年到 2004 年任多摩美术大学环境设计课程的兼职讲师。2002 年开设小泉工具店。从 2005 年起任武藏野美术大学空间设计课程教授。

本章介绍了用设计力赢得全国瞩目的优秀事务所设计的作品，深入解析小户型住宅和隔断的设计技巧。分别从狭小或不规则的用地、两代人居住户型、三层建筑、低预算住宅、出租房等角度出发来探索解决方案。

第二章 房间布局技巧大解剖

郊外型小户型住宅的房间布局

设计图

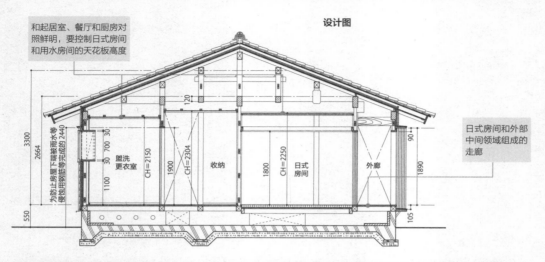

和起居室、餐厅和厨房对照鲜明，要控制日式房间和用水房间的天花板高度

日式房间和外部中间领域组成的走廊

3300
2664
为防止房屋下端被雨水等侵蚀用钢筋等完成的 2440
550

120

盥洗
更衣室
CH=2150
30 700 30
1100
1900
CH=2304
收纳
1800
CH=2250
日式
房间
外廊
90
1890
105

技巧 **1**

极力省略门窗隔扇

在视觉上产生空间舒展感的同时，尽量省略像暖气设备那样围绕家里各个角落的门窗隔扇等，这样做还可以节约预算。

用门帘等最小限度地控制视线

一

在宽阔用地上建造的小型平房住宅。重视日照、通风和景致这些外部环境因素。考虑到家人之间的沟通，最小限度地省略门窗隔扇。

天花板较高的单间平房住宅

木、土和太阳之家

设计：朴素舍　施工：创和建设

阁楼

确保天花板的高度

地板抬高，用作封闭式书房

食品储藏室

技巧 2

确保天花板的高度

因为是倾斜天花板，即使是平房也能确保两个楼层的天花板高度，强调开放感。

技巧 3

在跃层设置保姆房

单间空间中，可设计跃层巧妙打造小空间。因为有多个小空间，使得一个住宅有多种利用方法也成为可能。

外廊

大谷石的土间

屋顶配备集热式太阳能"微风"

土间延长到外部

技巧 4

兼作玄关的宽敞的土间※

面向南面的开口部设置宽敞的土间。这里是玄关和厨房的动线、工作空间等多用途的使用空间。

厨房是木匠用糙叶树木材打造的（上图）。控制屋檐的高度，打造比例合理的日式房屋（左图）。

平面图

在收纳空间可以走动，省略了走廊

柴火暖炉围绕走廊布置

和日式房间连在一起的外廊

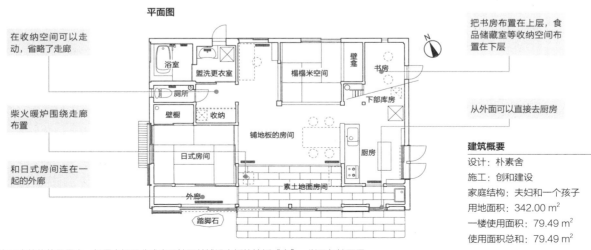

浴室

盥洗更衣室

厕所

壁橱

收纳

日式房间

铺地板的房间

外廊

踏脚石

榻榻米空间

壁龛

书房

下部库房

厨房

素土地面房间

把书房布置在上层，食品储藏室等收纳空间布置在下层

从外面可以直接去厨房

建筑概要

设计：朴素舍
施工：创和建设
家庭结构：夫妇和一个孩子
用地面积：342.00 m²
一楼使用面积：79.49 m²
使用面积总和：79.49 m²

※ 土间：在日本的传统民居内，起居空间已分成高于地面并铺设木板的地板"床"，以及与地面同高的土间两个部分。土间的制作上，通常使用三合土、硅藻土、混凝土与瓷砖等几种工法。

在地板下面设置检查口

技巧 1

用土间和地板把一个房间分成两部分

单间型的住宅容易给人单调的印象，设置土间，可以自然地赋予其空间性，使空间显得有张有弛。

和外部连接的土间

设置采暖炉

在大型用地上建造的小型两层楼房住宅。上下两层都是类似于单间的落落大方的房间布局。一楼通过宽阔的素土地面房间，强化与外部的联系。

一楼和二楼都是单间的两层楼房

洋溢着生命活力的住宅

设计：朴素舍 施工：创和建设

增强上下楼连接的楼梯井

活用用地的高低差，把用水房间集中到一楼和二楼的中间位置

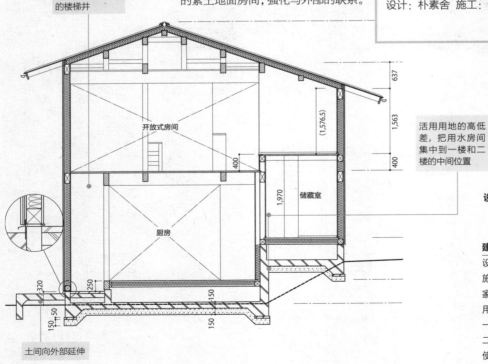

开放式房间

储藏室

厨房

土间向外部延伸

设计图

建筑概要

设计：朴素舍

施工：创和建设

家庭结构：夫妇和两个孩子

用地面积：494.70 m²

一楼使用面积：57.90 m²

二楼使用面积：39.80 m²

使用面积总和：97.70 m²

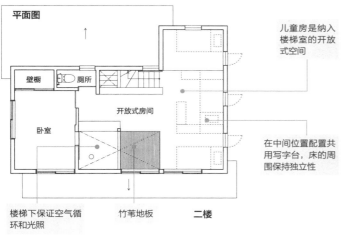

平面图

儿童房是纳入楼梯室的开放式空间

壁橱　厕所

卧室

开放式房间

在中间位置配置共用写字台，床的周围保持独立性

二楼

楼梯下保证空气循环和光照

竹苇地板

楼梯井

二楼的情况。前面是楼梯，窗前是竹苇地板，增强了与楼下的连接。

小孩的脚不会陷入间隔里

竹苇地板间留有间距，既可通风又能向楼下传递楼上的情形，踏上去也很舒服。

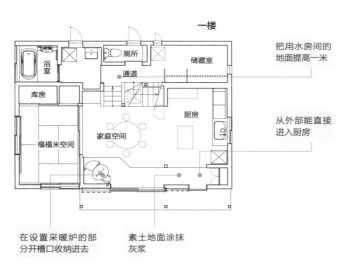

一楼

浴室

库房

榻榻米空间

家庭空间

通道　储藏室

厨房

把用水房间的地面提高一米

从外部能直接进入厨房

在设置采暖炉的部分开槽口收纳进去

素土地面涂抹灰浆

厕所

竹苇地板　楼梯井

技巧 2

改变建筑中用水房间的标准
把用水的房间设置在一楼和二楼起居室的中间，提高独立性。从哪里出来都很便利。

盥洗更衣室

技巧 3

用楼梯井和竹苇地板把上下楼连接起来

二楼的情况。竹苇地板和楼梯井等，可以使上下楼之间空气流通更容易。还有，孩子的动向也容易把握。

建造在倾斜宽阔的用地上。因为向前倾斜，尽量活用土地形状，避免改建住宅。

27

活用大面积的土间地面厨房的房间布局
地热之家

设计：Studio ikb+ 施工：创和建设

在宽敞用地上建造的两层楼房。因为是开放式的房间布局，厨房地面降低，采用土间地面。通过连廊，把起居室和外部连接起来。

从厨房延伸出来的土间

厨房

技巧 1

把起居室、餐厅和厨房集中到一个房间，仅通过变换地板加以区分

把起居室和餐厅的地板换成糙叶树地板，厨房铺设银熏瓦。

二楼强调倾斜天花板的高度

设计图

建筑概要

设计：Studio ikb+
施工：创和建设
家庭结构：夫妇和三个孩子
用地面积：396.00 m²
一楼使用面积：79.40 m²
二楼使用面积：50.70 m²
使用面积总和：130.10 m²

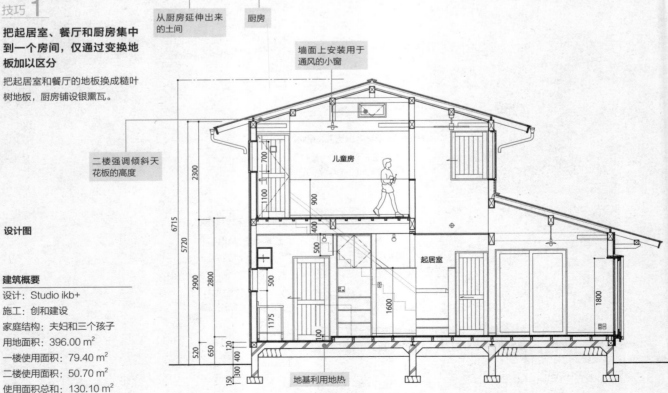

墙面上安装用于通风的小窗

儿童房

起居室

地基利用地热

因为用地宽敞、环境好，设计非常重视一楼、二楼同外部的联系。

和起居室连接的长廊

技巧 2

日式房间设置成独立空间

整体上是开放式房间布局，日式房间用隔扇隔开，作为一个独立的空间。

以厨房为中心，把素土地面延伸到餐厅和日式房间的独特设计。

厨房采用糙叶树木材，由木匠制作而成。与糙叶树地板和房间的环境相协调。

厨房地面呈格子状

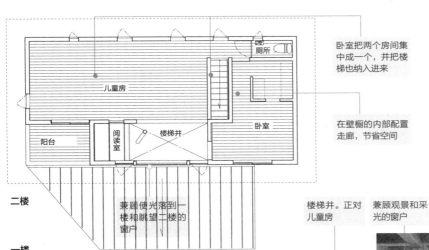

卧室把两个房间集中成一个，并把楼梯也纳入进来

在壁橱的内部配置走廊，节省空间

二楼

兼顾使光落到一楼和眺望二楼的窗户

一楼

日式房间具有独立性

厨房没有铺设地板

起居室和连廊连接起来

楼梯井。正对儿童房

兼顾观景和采光的窗户

技巧 3

起居室和连廊连接起来

二楼设置的图画窗。在正前方设置楼梯井，从这里的采光可以落到楼下。

厕所入口

卧室入口

楼梯井

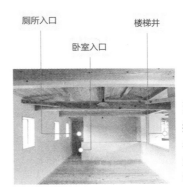

技巧 4

把儿童房整合成一个

有多个孩子的情况，也把儿童房整合成一个，用家具等设置分割出各自的空间。

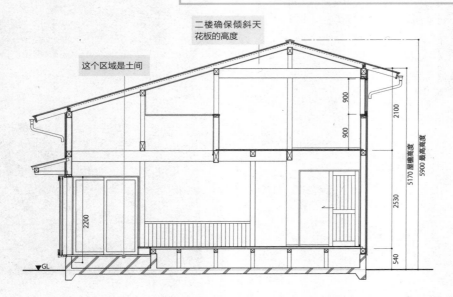

在宽阔的郊外用地上建造的两层楼房住宅。从玄关到厨房，通过土间连接起来。上下楼都最小限度使用门窗隔扇，成为单间形式的设计。

把土间和厨房连接起来的房间布局

栗之家

设计：Studio ikb+ 施工：创和建设

二楼确保倾斜天花板的高度

这个区域是土间

900
900
2100
2530
540
5170 屋檐高度
5900 最高高度
2200
▼GL

设计图

建筑概要
设计：Studio ikb+
施工：创和建设
家庭结构：夫妇和两个孩子
用地面积：420.00 m²
一楼使用面积：64.50 m²
二楼使用面积：38.10 m²
使用面积总和：102.00 m²

玄关门

技巧 1

用土间连接玄关和厨房

土间可用作玄关，并通过落地窗与庭院连接起来。可在此处干活，或者暂时存放些家庭菜园收获的蔬菜等。

玄关门

人字形屋顶露出装饰用椽子，使建筑的外观变得柔和。落地窗的里面是土间。

厨房　　玄关门

技巧 2

单间方案把天花板连接起来

单间方案处理不好容易让人感觉单调，为了避免这种情况，设计用天花板将各功能空间整合在一起。

仅用挑高的天花板将素土地面房间和铺地板的空间统一起来，显得落落大方。

卧室　　楼梯井　　儿童房　　楼梯室

技巧 3

二楼不设隔断，设置成完整的单间

二楼完全不设隔断，是一个单间，可以随着孩子的成长间隔开。

从儿童房看卧室。用楼梯和挑高处的墙壁遮挡视线，将两个房间分隔开来。

从卧室看儿童房。做成一个完全没有隔断的开放式空间。

在楼梯的前面设置一条狭窄的通道

食品储藏室采用开放式设计

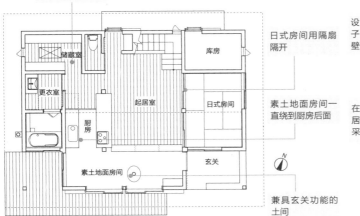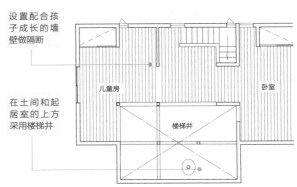

设置配合孩子成长的墙壁做隔断

日式房间用隔扇隔开

储藏室　更衣室　起居室　厨房　库房　日式房间　玄关

素土地面房间一直绕到厨房后面

素土地面房间

兼具玄关功能的土间

在土间和起居室的上方采用楼梯井

儿童房　楼梯井　卧室

都市型小户型住宅的逆转方案

为呈现开阔感不可缺少的阳台

可以两人并排使用的写字台

制作的厨房工作台

技巧 1

把起居室、餐厅兼厨房整合在一起，通过地板加以区分

把起居室、餐厅兼厨房按照空间的长度方向布置，营造进深感，消除狭窄感。比开口部和阳台组合在一起更有效果。

把起居室、餐厅兼厨房纵向排列的逆转方案

B 公馆、H 公馆

设计、施工：Wood Ship

技巧 2

设置高天花板，视觉上感觉开阔

在二楼设置起居室、餐厅兼厨房，利用楼梯来突出开放感（如左图）。玄关采用素土地面，确保了天花板的高度，使空间节奏有张有弛。

阁楼

固定楼梯

式台

采用素土地面，以确保天花板的高度

把起居室、餐厅兼厨房纵向排列，确保视线距离

把自行车停放处设置在玄关旁边

省略玄关走廊，设置大的土间

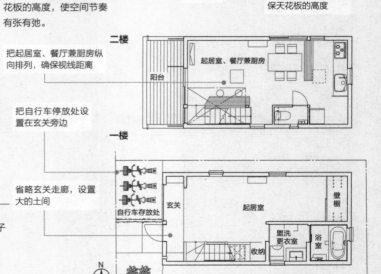

二楼

起居室、餐厅兼厨房

阳台

一楼

壁橱

自行车存放处

玄关

起居室

盥洗更衣室

浴室

收纳

N

B公馆

平面图

建筑概要

设计、施工：Wood Ship

家庭结构：夫妇和一个孩子

用地面积：59.03 m²

一楼使用面积：32.76 m²

二楼使用面积：29.12 m²

使用面积总和：61.88 m²

技巧 3

阳台尽可能宽敞

把阳台设计得宽敞，不仅可以强调室内的宽敞感，还可以作为洗衣服、放松、孩子玩水等地方使用。

平面图

建筑概要

设计、施工：Wood Ship
家庭结构：夫妇
用地面积：76.05 m²
一楼使用面积：33.91 m²
二楼使用面积：34.76 m²
使用面积总和：68.67 m²

收纳

榻榻米空间

客厅

去往阁楼的固定楼梯

兼作餐厅的榻榻米空间

进深 1.82 m 的露台

收纳

一楼

步入式衣橱

卧室

浴室

盥洗室

玄关

H 公馆

N

省略间隔步入式衣橱和卧室的门

书架

通向厕所和盥洗室

可坐在稍微靠上一些的榻榻米空间

收纳空间

下面是收纳空间

技巧 4

空间可兼具其他功能

对狭小住宅来说，两到三张榻榻米的空间也很珍贵。榻榻米空间兼作餐桌的长凳（上图）。下面可以兼用作收纳空间等。

阁楼和固定楼梯

技巧 5

利用阳台和楼梯井的"穿透感"

对于较小的住宅来说，使空间穿透、回避狭窄感是重要的要素。二楼起居室、餐厅兼厨房的情况是把活用楼梯井（左图）和阳台（右图）作为要点。

在都市部建造的使用面积总和是 66 m² 左右的狭小住宅，委托人表明想要的空间，让人感觉不到狭窄。

迷你吊柜和壁龛用于存放食品

放置家电的柜台

餐具柜

技巧 7

即使小也要设置餐具室

即使很小，也要设置烹饪家电的安装空间和餐具室。由于工作质量的提高，委托人的满意度也提高。

两列型的无门步入式衣橱

卧室

鞋柜的门用直线帘代替

技巧 6

收纳空间省略门

连开关门空间都珍惜的狭小住宅。省略步入式衣橱（左图）等私人空间的门，来客能够看到的物件也利用帘子等东西遮挡。

收纳

阳台

与看电视的视线相交

看电视的视线

楼梯　厕所　洗手池

技巧 **1**

横向排列起居室、餐厅兼厨房，视线交错

横向排列起居室、餐厅兼厨房的时候，看电视的视线和向外看的视线交错，增强空间开阔感，也是一个技巧。

　　小户型住宅是效率空间的组合方法、有张有弛的附加方法和干脆明确的分隔方法等创意的宝库。同一空间具有不同的功能，节省空间、充分利用横向空间是其设计要点。

把起居室、餐厅兼厨房横向排列的逆转方案

二

S 公馆

设计、施工：Wood Ship

技巧 **2**

用阁楼弥补收纳空间的不足

狭小住宅最大的不足就是收纳空间少。用阁楼集中收纳就是解决办法之一。二楼起居室、餐厅兼厨房和阁楼的动线很短很方便。

34

S 公馆的外观。L 形的建筑共有两层。面向道路的一侧只设置最低限度的门窗，而另一侧可设置成开放式的。

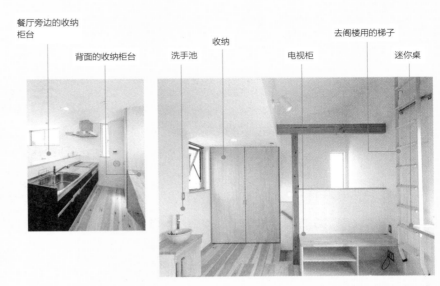

餐厅旁边的收纳柜台
背面的收纳柜台
洗手池
收纳
电视柜
去阁楼用的梯子
迷你桌

技巧 3

即使很小也要备齐收纳和放置家具的空间

即使是住宅空间很小，但是作为一般住宅，必要空间也是不会改变的，如收纳和家具空间。

左边是卧室，右边是玄关
放佛龛的地方
收纳
卧室等单间

技巧 4

有效利用玄关周围空间

玄关门厅平时不常用，而多使用楼梯。这个部分用作收纳，也是有效利用空间的一个方法。

技巧 5

不做隔断，充分利用空间

把盥洗更衣室和厕所放在一起，可以节约出隔断的空间。墙面收纳的位置及尺寸的灵活性也增加了。

作为一体来使用，收纳尺寸也能增大

盥洗室和厕所一体化

平面图

建筑概要

设计、施工：Wood Ship
家庭结构：夫妇
用地面积：84.03 m²
一楼使用面积：32.52 m²
二楼使用面积：32.52 m²
使用面积总和：65.04 m²

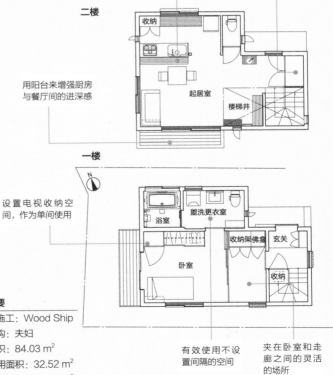

在餐厅旁边的收纳空间
收纳空间

二楼

收纳
起居室
楼梯井

用阳台来增强厨房与餐厅间的进深感

一楼

N

浴室
盥洗更衣室
收纳架佛龛
玄关
卧室
收纳

设置电视收纳空间，作为单间使用

有效使用不设置间隔的空间

夹在卧室和走廊之间的灵活的场所

活用楼梯井的房间布局

低成本住宅的简约设计手法是只追求空间，减少其他要素。为了带来空间上的变化，这个方向性的计划中有楼梯井的组合方法。

带大楼梯井的低成本住宅

W 公馆

设计、施工：菅沼建筑设计

和二楼连接的开口

厨房

去往厨房的动线

去往玄关和用水房间的动线

往地板下面输送暖气的FF式带风扇取暖器

技巧 1

用楼梯井把房屋连成一个整体

在减法设计中，给予空间冲击效果的基本手法就是设置大楼梯井，这样可以营造出开放感和韵律感，让人感觉十分舒服。

通往庭院

把厨房建成可以夫妇两人同时站立的宽度

起居室、餐厅兼厨房里，楼梯井和大窗结合起来

技巧 2

起居室、餐厅兼厨房强调开放感

停留时间长的起居室、餐厅兼厨房和大楼梯井配合在一起，会提升"舒适感"。有必要根据家庭结构和地区，研究通风和暖气设备的设计。

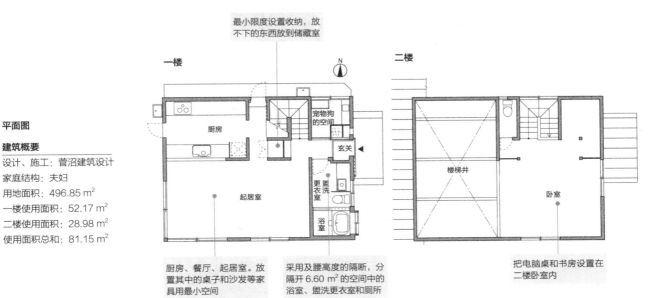

最小限度设置收纳，放不下的东西放到储藏室

一楼

二楼

平面图

建筑概要

设计、施工：菅沼建筑设计

家庭结构：夫妇

用地面积：496.85 m²

一楼使用面积：52.17 m²

二楼使用面积：28.98 m²

使用面积总和：81.15 m²

厨房

宠物狗的空间

玄关

起居室

更衣室

盥洗

浴室

楼梯井

卧室

厨房、餐厅、起居室。放置其中的桌子和沙发等家具用最小空间

采用及腰高度的隔断，分隔开 6.60 m² 的空间中的浴室、盥洗更衣室和厕所

把电脑桌和书房设置在二楼卧室内

有效利用电脑桌和书房

把屋顶结构露出来

技巧 **3**

收纳间和书房等都放在二楼

收纳间和书房等空间，利用了大单间的二楼（左图）。只设置电脑桌等简单家具，其余的交给委托人设计（左图）。

厕所空间

收纳空间

技巧 **4**

卫生间收纳设置成小巧紧凑型

降低成本，最低限度地设置隔断和门窗隔扇。把盥洗室和厕所设在一起（左图）。把收纳空间集中到二楼的开放式空间和玄关侧面（右图）。

W 公馆的外观。采用人字形屋顶设计。落地窗与自制的木板完美地接合在一起。

楼梯井

去往玄关的动线

厨房

柜台

技巧 **1**

用小的楼梯井把上下楼连接起来

在厨房和餐厅的交界处设置小的楼梯井，把一楼和二楼舒缓地连接起来。

用隔扇间隔开

二

活用中心地带的四口之家

Y 公馆

设计、施工：菅沼建筑设计

本案介绍了一个四口之家的两层房屋。把楼梯和小的楼梯井设置在房屋的中心，使得本身间隔不多的开放式房间，也可以拥有多种功能的房间。

技巧 **2**

用隔扇隔开

在可以开关的灵活空间使用隔扇，是打造开放式房间不可缺少的要素（左图）。隔扇纸的颜色和墙壁保持一致，选择白色，和起居室、餐厅兼厨房的室内装修保持连续性（右图）。

隔扇内是日式房间

和墙壁、天花板相同的白色隔扇纸

固定脚炉

技巧 3

用楼梯室和楼梯井将空间分开

一楼的楼梯和楼梯井交叉在一起，自然地形成狭小空间和宽阔空间，并根据各自的用途加以区分。

收纳角　挂西装的横杆　收纳架

盥洗室

可移动的式台

技巧 5

省略玄关门厅

省略玄关门厅，拓宽素土地面房间。设置可以移动的式台，去往各个房间都很方便。

楼梯井上放置合适的聚碳酸酯板

技巧 6

把楼梯井堵上

考虑到空间的利用率等，楼梯井可以用聚碳酸酯板堵上。

技巧 4

整理住宅中的用水动线

考虑到家务动线和配管路线，把用水房间集中配置是最基本的。特别是厨房和盥洗更衣室，将动线连接起来，提高效率。

阳台

Y 公馆的外观。南面设置一面大的落地窗。半封闭阳台上方带有屋顶，即使下雨也能晾衣服。

平面图

建筑概要

设计、施工：菅沼建筑设计
家庭结构：夫妇和两个孩子
用地面积：272.70 m²
一楼使用面积：57.97 m²
二楼使用面积：48.03 m²
使用面积总和：106.00 m²

省略玄关门厅，设置大的土间

设置悬挂式壁橱和楼梯间用以收纳，弥补起居室、餐厅兼厨房的收纳问题

把卧室、儿童房和书房集中到开放式空间

玄关

起居室

厨房

日式房间

盥洗更衣室　浴室

一楼

楼梯井

收纳

收纳　收纳

阳台

二楼

把厕所设在起居室看不到的位置

从厨房开始用最短的路线把用水房间连接起来

收纳区域

半封闭阳台上方有屋顶，如果不是大雨的话，不用担心

H 公馆

一楼和二楼中间创造出的空间，使上下楼更方便

技巧 1

插入巨大的楼梯平台

在楼梯井插入大型的楼梯平台。二楼儿童房和一楼书房中间产生的空间，可营造出亲子之间适度的距离感并注入新的活力。

翻新插入的楼梯

技巧 2

充分利用死角

将二楼倾斜天花板边缘的部分作为收纳空间，有效利用。从新建的楼梯平台通过梯子可以过去。这是改建后新增的方法。

商住两用的住宅在改建中，采用了不同于新建住宅的空间理论和创意。突破空间限制的各种各样的技巧，值得新建住宅借鉴。

收纳空间。用梯子从楼梯平台过去

三

省略楼梯平台在一楼生活的窍门

H 公馆、K 公馆

设计、施工：菅沼建筑设计

楼梯　　梯子

撤去天花板起居室、餐厅兼厨房上方撤去天花板，可获得挑高空间。

新建的楼梯下面是书房。楼梯下面的墙面收纳是业主自己设计完成的。

把倾斜天花板边缘的空间用来收纳。虽然收纳效率不是很高，但是一个便利的场所。

一楼

卧室

浴室

盥洗更衣室

起居室、餐厅兼厨房

玄关

用收纳家具来间隔

撤去天花板

比普通楼梯的台阶更加紧凑

二楼

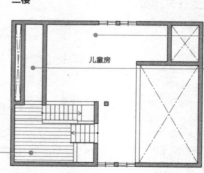

儿童房

摆放双层儿童床

地板下方可用来收纳

建筑概要

设计、施工：菅沼建筑设计
家庭结构：夫妇和两个孩子
用地面积：228.05 m²
一楼使用面积：52.17 m²
二楼使用面积：32.61 m²
使用面积总和：84.78 m²

把阁楼作为储藏室充分利用

平面图

三楼

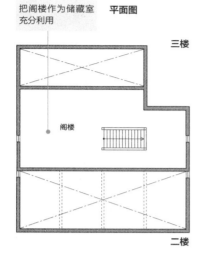

阁楼

二楼

确保餐厅兼厨房天花板的高度，光从高侧窗透进来

两列型餐厅兼厨房的一侧采用挑高天花板，突出开放感。另一侧则降低天花板高度，操作区集中，容易整理，且方便通风。

西式房间2　浴室

西式房间1

走廊　盥洗更衣室

厨房

日式房间

阳台

可在此处用餐

楼梯环绕核心区域的房间布置

把电脑桌放在景致好的窗边

周围的风景好

只能够放置小饭桌的面积

一楼

N

会客厅

走廊　玄关

走廊

餐厅的厨房

厨房

玄关

餐厅空间

K 公馆

建筑概要

设计、施工：菅沼建筑设计
家庭结构：夫妇和一个孩子
用地面积：485.91 m²
一楼使用面积：59.93 m²
二楼使用面积：59.63 m²
使用面积总和：119.26 m²
K 公馆的外观。为了把优美的风景取景到室内，窗户的配置和调整都需要时间。

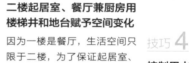

技巧 3

榻榻米地台　厨房

二楼起居室、餐厅兼厨房用楼梯井和地台赋予空间变化

因为一楼是餐厅，生活空间只限于二楼，为了保证起居室、餐厅兼厨房宽敞，用楼梯井和榻榻米地台赋予房间变化。

技巧 4

控制用水房间和卧室的天花板的高度

为了赋予空间节奏感、增加收纳量，控制用水房间和卧室的天花板的高度。

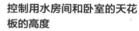

卧室的门

技巧 5

有效利用阁楼，把东西拿出起居室、餐厅兼厨房

为了不让东西占据生活空间，充分利用阁楼作为收纳空间。

41

狭小空间的设计方法

充分利用立体空间的住宅
I公馆

设计、施工：罗汉柏建筑工作室

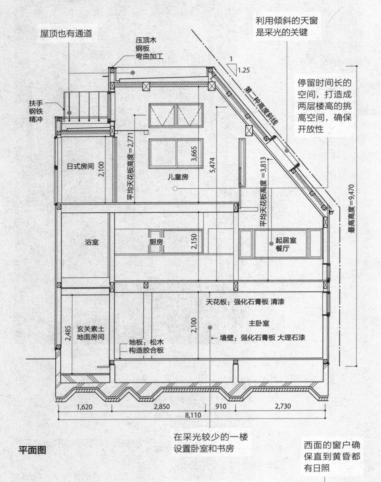

屋顶也有通道

压顶木 钢板 弯曲加工

利用倾斜的天窗是采光的关键

扶手 钢铁 精冲

停留时间长的空间，打造成两层楼高的挑高空间，确保开放性

日式房间 2,100
平均天花板高度=2,771

儿童房 3,665
5,474

1 1.25
第二种高度斜线

平均天花板高度=3,813

最高高度=9,470

浴室
厨房 2,150
起居室 餐厅

天花板：强化石膏板 清漆

玄关素土地面房间 2,485
地板：松木 构造胶合板

主卧室 2,100
→墙壁：强化石膏板 大理石漆

1,620 | 2,850 | 910 | 2,730
8,110

平面图

在采光较少的一楼设置卧室和书房

建造在中心地带的都市型狭小住宅，用地小自不必说，再加上周围建筑物密集，难以创造舒适的居住环境。这里介绍一下克服这个困难条件的技巧。

西面的窗户确保直到黄昏都有日照

南面的窗户确保白天的采光

儿童房

北面的窗户确保一定的采光

可以看到邻居家的绿色植物

技巧 1

纵向穿透，确保总体采光

停留时间较长的起居室、餐厅兼厨房设置在二楼，三楼设置成具有开放性的挑高空间。三个方向都有窗户，确保采光充足（右图）。儿童房设置在三楼，阁楼改作楼梯井。这样可以从三个方向采光，成为非常开放明亮的房间（左图）。

摄影：Miho Urshido

技巧 2

卧室 + 书房给人宽阔感

因为卧室作为第二起居室来使用，布局合理紧凑。空间大小约为两张榻榻米，可与书房配合使用，增强空间感。

墙壁的背面是书房

墙壁的背面是卧室

眼前是玄关门

内门的里面是起居室

利用二楼的阳台和屋顶

城市中心的风景一览无余

窗户的内侧是一条走廊

技巧 4

充分利用阳台和屋顶

把各个必要空间纵向堆积，拥有的空间达到最大。这样的情况下，把露台（右图）和屋顶（左图）作为使用场所有效利用，达到活用效果。把屋顶和露台连在一起的空间，成为非常有价值的场所。

技巧 3

省略玄关门厅，扩大土间面积

为了有效利用玄关空间，省略门厅，设置宽阔的土间。因为外部空间不多，可以把这里作为婴儿车、自行车的停放场所充分利用。

平面图

建筑概要

设计、施工：罗汉柏建筑工作室
家庭结构：夫妇和一个孩子
用地面积：53.00 m²
一楼使用面积：29.50 m²
二楼使用面积：31.70 m²
三楼使用面积：19.60 m²
使用面积总和：80.80 m²

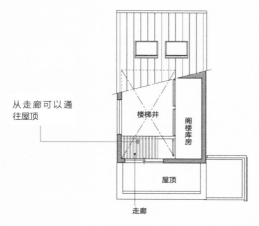

从走廊可以通往屋顶

楼梯井

阁楼库房

屋顶

走廊

三楼

楼梯井

儿童房

阳台2

日式房间

把隔扇合上，可作为客厅使用

二楼

起居室、餐厅

最大限度地确保椅子放置的尺寸

利用靠近墙壁处地面的一部分空间来进行收纳

最短的洗涤动线

厨房

阳台1

浴室

盥洗更衣室

一楼

控制卧室的面积，把迷你书房建造得复杂一些，以使空间显得宽敞

主卧室

书房

旗杆状用地的扩展部分

玄关素土地面房间

技巧 5

厨房收纳以毫米为单位来调整

狭小住宅最让人头疼的地方就是收纳。把架子的一部分突出外侧的壁面以确保进深，最大限度地收纳烹饪家电（左图）。还有长桌子前面摆放椅子，使得空间布局更紧凑。

留出可以放置烹饪家电的进深

台面尺寸要合理，与放置的东西大小要适合

此处可以摆放菜肴与用餐

把椅子拉进去，最大限度地保持和墙壁之间的空间

收纳毛巾等

最小限度地用墙壁来分隔空间，把洗衣机设置在厕所旁边

厕所和洗漱池在一个房间

技巧 6

把卫生间收纳设置成小型

增加狭小住宅使用空间的有效方法，是把盥洗更衣室和厕所一体化（右图）。这样做的优点就是可以自由决定墙面收纳的位置（左图）。

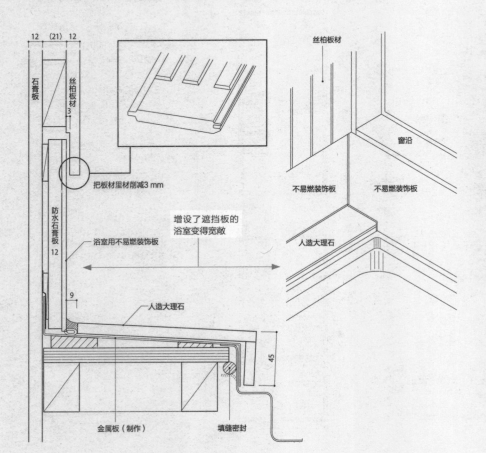

12 (21) 12

石膏板

丝柏板材
3

防水石膏板
12

把板材里材削减3 mm

浴室用不易燃装饰板

增设了遮挡板的浴室变得宽敞

人造大理石

9

金属板（制作）

填缝密封

45

丝柏板材

窗沿

不易燃装饰板　不易燃装饰板

人造大理石

像左图那样设置遮挡板，扩大浴室

采用半一体化浴室

技巧 7

扩大半一体化浴室

浴室空间较小时，可设计成半一体化式。通过设置遮挡板，来扩大浴室，这样便可改观空间狭小的印象。

厨房收纳结构图

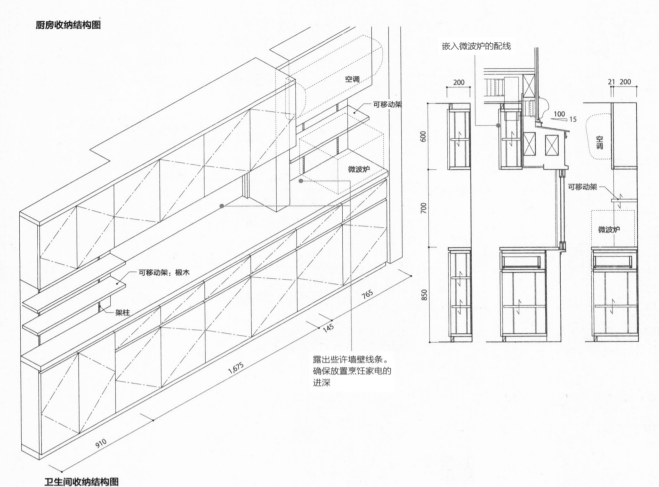

空调

可移动架

微波炉

可移动架：椴木

架柱

765

145

1,675

910

嵌入微波炉的配线

200

600

700

850

21 200

空调

可移动架

微波炉

100 15

露出些许墙壁线条。
确保放置烹饪家电的
进深

卫生间收纳结构图

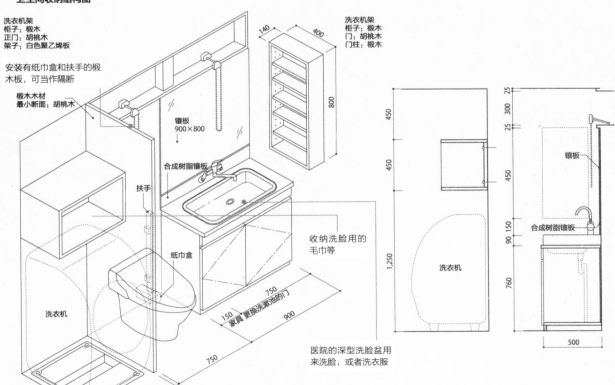

洗衣机架
柜子：椴木
正门：胡桃木
架子：白色聚乙烯板

安装有纸巾盒和扶手的椴
木板，可当作隔断

椴木木材
最小断面：胡桃木

扶手

洗衣机

纸巾盒

镜板
900×800

合成树脂镶板

收纳洗脸用的
毛巾等

家具 更换洗漱池的门

150

900

750

30

695

洗漱池
甲板：水曲柳层积材 玻璃涂层
柜子：白色聚乙烯板
最小断面：胶带
门：椴木
正门：胡桃木（上油）

洗衣机架
柜子：椴木
门：胡桃木
门柱：椴木

140

400

800

450

450

1,250

25

300

25

450

90 150

760

镜板

合成树脂镶板

洗衣机

500

医院的深型洗脸盆用
来洗脸，或者洗衣服

住宅区小户型住宅的房间布局

本案例位于神奈川，是在一块平整的斜坡地上建造的。因为和邻居以及防护墙离得太近，为了透光和防止湿气，要重视窗户的设计。另外，房间布局还要适合宠物狗。

一

建在平整土地上的夫妻二人和宠物狗的住宅

Cass de marte

设计、施工：富士太阳能建筑公司

技巧 1

避开邻居的视线

起居室的南侧。为了避免和邻居家的视线相撞，把窗户设置为向风景好的方向打开。

技巧 2

把起居室的厕所设在不显眼的位置

二楼的起居室、餐厅和厨房。扩大宠物狗自由活动的空间。把厕所设置在楼梯的下方，淡化其存在感。

为了消除玄关的狭窄感，用地窗确保视线通过

一楼

步入式衣橱

盥洗更衣室

卧室

收纳

玄关

平面图

去往阁楼的楼梯

二楼

阳台

起居室，餐厅

厨房

收纳

收纳

玄关。在外部设置直通屋顶的大门廊，可以在那里照顾宠物狗。在走廊配置楼梯下方的收纳空间。

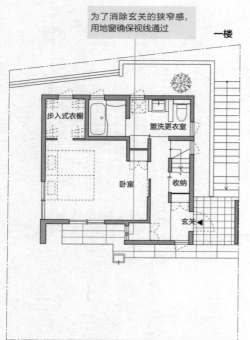

建筑概要

设计、施工：富士太阳能建筑公司

家庭结构：夫妇

用地面积：125.04 m²

一楼使用面积：37.26 m²

二楼使用面积：40.58 m²

使用面积总和：77.84 m²

起居室旁边不设置厕所门

从榻榻米角落看起居室、餐厅兼厨房。配置了一个小型的沙发。厕所可以从玄关侧面进入，从起居室看不到厕所门。

技巧 **1**

技巧 **2**

多用途的角落

榻榻米一角。将起居室与整个住宅连接起来的榻榻米空间，被用作散心空间和客用卧室。

可体会到整修庭院趣味的小户型住宅

横滨标准 609

设计、施工：富士太阳能建筑公司

二

二楼会客厅。将来可以用作儿童房。为了让厕所不显眼，把门安装到墙壁内侧。

因为是住宅区，业主为了充分享受整修庭院的乐趣，把住宅设计成小型，确保庭院的面积。随身物品不多的现代业主，收纳稍微少一些，因此就可以确保榻榻米角落和二楼会客厅等空间。

平面图

建筑概要

设计、施工：富士太阳能建筑公司
家庭结构：夫妇和两个孩子
用地面积：165.38 m²
一楼使用面积：43.06 m²
二楼使用面积：44.71 m²
使用面积总和：87.77 m²

把住宅设计成小型，确保庭院的空间足够

现在是办公空间，将来可以设为单间，用作儿童房

一楼

浴室

盥洗更衣室

起居室、餐厅兼厨房

玄关

榻榻米角落

二楼

步入式衣橱

儿童房

会客厅

主卧室

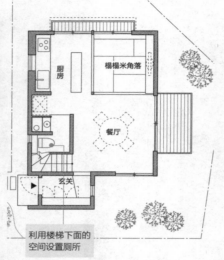

将走廊作为采暖房，采用被动式太阳能

平面图

建筑概要

设计、施工：北村建筑工作室
家庭结构：夫妇和两个孩子
用地面积：135.00 m²
一楼使用面积：38.92 m²
二楼使用面积：34.15 m²
使用面积总和：73.07 m²

利用楼梯下面的空间设置厕所

技巧 **1**

起居室不放置电视

从起居室看榻榻米空间。起居室的外侧有阳台，拓展了空间面积。电视设置在榻榻米角落，在厨房也可以观看电视节目。

技巧 **2**

榻榻米角落兼具起居室功能

从榻榻米角落看起居室和厨房。在榻榻米角落设置可用作靠背的及腰墙壁，家庭成员可以在这个榻榻米角落休闲放松。图片左边的起居室，实际上作为餐厅使用。

为了用间壁把儿童房从正中间隔开，就要重视天花板的设计。分隔后空间有三张榻榻米大小，可以设置床和桌子。

三

带宽敞起居室的住宅

小玉房屋

设计、施工：北村建筑工作室

在旗杆状用地上建造的住宅。在二楼设置单间和用水房间，以保证一楼的起居室、餐厅兼厨房的空间。另外，榻榻米空间兼具起居室功能，确保了带有露台的开放式餐厅的空间。

四

可以接待很多来客的住宅

一心之家

设计、施工：北村建筑工作室

在建设用地上建造的小型住宅。为了能接待很多来客，设置了榻榻米角落和长凳。二楼有足够的单间空间，设计多条动线，设法让生活便利。

技巧 **1**

榻榻米角落和长凳的收纳抽屉

把榻榻米角落和长凳作为收纳抽屉。

技巧 **2**

利用长凳接待来客

从榻榻米角落看起居室、餐厅兼厨房。采用小型餐桌，确保宽敞的起居室和榻榻米空间。窗边设置长凳，能坐下多位来客。

用小型餐桌和木制甲板，可以让起居室空间视觉上扩大

以会客厅和盥洗更衣室作为中心的环形动线

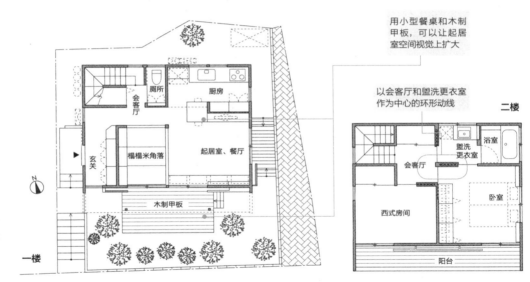

一楼

厕所　厨房　会客厅　玄关　榻榻米角落　起居室、餐厅　木制甲板

二楼

浴室　盥洗更衣室　会客厅　卧室　西式房间　阳台

平面图

建筑概要

设计、施工：北村建筑工作室
家庭结构：夫妇
用地面积：113.87 m²
一楼使用面积：39.75 m²
二楼使用面积：39.75 m²
使用面积总和：79.50 m²

横向的长玄关设置没有压迫感的收纳柜和长凳，使用便利。

49

外观。中间的门是玄关入口，右侧的门是库房的入口。北海道的住宅一般都会设置内置式库房。

在近似正方形的用地上建造的住宅。因为是建在住宅区，设计大量使用高侧窗，运用把光从高层送到低层等技巧。设置内置式库房和壁橱等收纳空间。

注重隐私的北海道住宅
清闲幽静的房屋

设计、施工：艺术之家

平面图

建筑概要
设计、施工：艺术之家
家庭结构：夫妇和两个孩子
用地面积：98.34 m²
一楼使用面积：45.95 m²
二楼使用面积：51.13 m²
使用面积总和：97.08 m²

技巧 1

用格子间隔开，打造成开放式空间
从起居室可以看见餐厅。考虑到隐私性，控制窗户的尺寸，但由于大量采用格子作为隔断，使得空间依然保持开放明亮。把部分起居室和沙发后面的榻榻米空间设计成小型的餐厅。

技巧 2

用楼梯引光射入底层
用楼梯把光从高层引入底层。通过这个楼梯进来的光关系着玄关的明亮和空间感。楼梯下的窗户也有同样的效果。

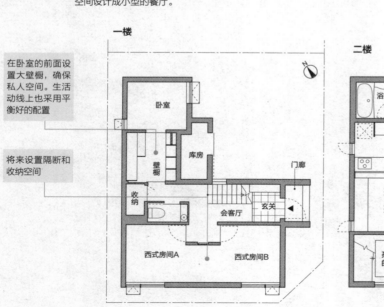

一楼

在卧室的前面设置大壁橱，确保私人空间。生活动线上也采用平衡好的配置

卧室

将来设置隔断和收纳空间

壁橱

库房

收纳

门廊

会客厅

玄关

西式房间A

西式房间B

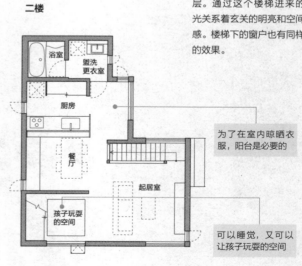

二楼

浴室

盥洗更衣室

厨房

餐厅

为了在室内晾晒衣服，阳台是必要的

起居室

孩子玩耍的空间

可以睡觉，又可以让孩子玩耍的空间

平面图

建筑概要

设计、施工：相羽建筑
家庭结构：夫妇
用地面积：107.50 m²
一楼使用面积：45.95 m²
二楼使用面积：45.54 m²
使用面积总和：91.49 m²

技巧 **1**

收纳力强的卧室

一楼的西式房间，作用卧室。一侧墙壁设置两间半大小的收纳柜。卧室的旁边还设有储藏室。

在狭小住宅区建造的住宅。尽管很小，却有足够的收纳空间，设置素土地面收纳间、壁面收纳和储藏室等。起居室为方便学习，设置有学习桌。

收纳空间充足的住宅

H 公馆

设计、施工：相羽建设

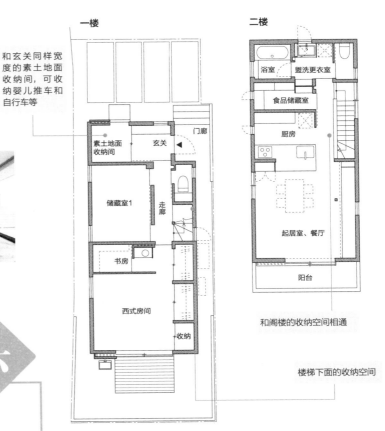

一楼

- 素土地面收纳间
- 玄关
- 门廊
- 储藏室1
- 走廊
- 书房
- 西式房间
- 收纳

和玄关同样宽度的素土地面收纳间，可收纳婴儿推车和自行车等

二楼

- 浴室
- 盥洗更衣室
- 食品储藏室
- 厨房
- 起居室、餐厅
- 阳台

和阁楼的收纳空间相通

楼梯下面的收纳空间

技巧 **2**

兼作女主人书房的食品储藏室

在厨房的隔壁设置食品储藏室。尺寸大约有三张榻榻米的空间，里面是女主人专用的写字台。

在起居室设置多张桌子

技巧 **3**

设置在起居室的桌子，家庭成员可以同时在这里学习和办公。如果放下百叶窗，看上去就像普通的起居室。

外观。左侧的门是玄关入口，右侧的门和素土地面收纳间相连接。

平面图

建筑概要

设计、施工：浜松建设
家庭结构：夫妇和一个孩子
用地面积：248.69 m²
一楼使用面积：52.24 m²
二楼使用面积：52.17 m²
使用面积总和：106.41 m²

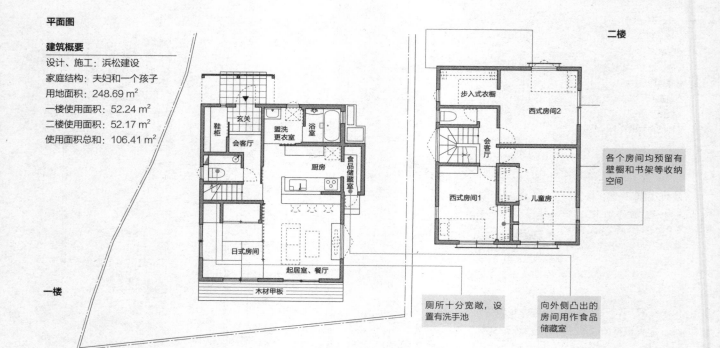

二楼

一楼

各个房间均预留有壁橱和书架等收纳空间

厕所十分宽敞，设置有洗手池

向外侧凸出的房间用作食品储藏室

三张榻榻米大小的西式房间。墙面有嵌入式收纳架。

技巧 **1**

把起居室的厕所设置在不显眼的位置

从起居室看厨房。在厨房的长桌子上用餐，即使很小的起居室也能配置沙发。厨房的里面能看到食品储藏室。

玄关旁边设置大的素土地面房间。内部安装有鞋架。

在分售地建造的住宅。虽然很小，但设置了玄关收纳、食品储藏室和步入式衣橱等。与常规不同，不配置餐桌，而是在长桌子上用餐，即使很小的起居室也能配置沙发。

可在长桌子用餐的住宅

Y 公馆

七

设计、施工：浜松建设

三层楼小户型住宅的房间布局

技巧 **1**

坐在餐桌前看电视

起居室、餐厅和榻榻米角落。通常来说，里面是餐厅，旁边是起居室，如果没有起居室就设置榻榻米空间。坐在餐桌前可以收看电视节目。

建在居住区狭小用地上的住宅。建筑面积率的缓和能确保停车库的存在。为了控制建筑面积，采用小型的房间布局。因为要设置停车库不得不缩小建筑面积，所以建造了楼梯和走廊等。

建造在住宅区的 L 形三层楼房

金町之家

设计、施工：田中建筑公司

三楼的儿童房。将来孩子增加可以设置隔断隔开。变少的收纳场所用阁楼来补充。

外观。建筑物以外的空间大部分作为停车库。阳台设在停车库的上方。

平面图

建筑概要

设计、施工：田中建筑公司
家庭结构：夫妇和两个孩子
用地面积：62.48 m²
一楼使用面积：30.45 m²
二楼使用面积：30.45 m²
三楼使用面积：26.08 m²
使用面积总和：86.98 m²

从榻榻米角落看起居室。因为通往里面的直线形走廊也有和外部连接的窗户，不会让人感到空间狭窄。

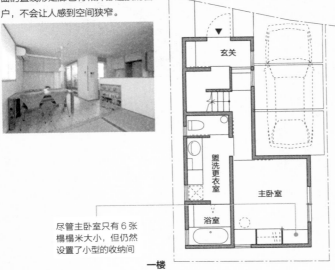

尽管主卧室只有 6 张榻榻米大小，但仍然设置了小型的收纳间

一楼

因为南侧邻居家离得太近，直到二楼都不设置大窗

二楼

2,700　2,160

三楼

2,700　2,160

都市住宅区比较多，不仅用地狭小，而且建筑面积率低。在确保停车空间的同时，很难确保建筑面积宽广。一方面，可以放弃起居室，以餐厅为中心，另一方面，配置书房和工作空间。

低建筑面积率用地的都市型三层楼房

田端之家

设计、施工：田中建筑公司

技巧 1

小玄关多设置收纳空间

从内侧看玄关。玄关收纳柜上下均留有空间，减少压迫感。虽然没有显示在图片上，但是右侧也是有玄关收纳的。

外观。沿着前面道路设置停车空间。二楼的厨房没有纳入一楼平面，是凸出来的。

技巧 2

省略起居室

从餐厅看厨房。完全没必要设置小型的起居室，这里的榻榻米空间，是个既可以坐又可以躺的舒适空间。

一楼的主卧室。空间小巧紧凑，图片右侧拉门内是步入式衣橱，对面则配置壁橱。

从正面看一个台阶高的榻榻米空间。台阶部分可做成抽屉式，确保收纳空间。

技巧 3

设置只用于睡觉的儿童房

儿童房。两个人可充分利用大约 6 张榻榻米的空间。将来可以用隔断隔开，设置两扇门。右侧的开口部和楼梯井相连接。

技巧 4

让孩子在工作空间学习

工作空间。儿童房很小的情况，就让孩子在工作间学习。

左侧拉门和右侧连接楼梯井的拉门都能开关。

技巧 5

正因为是小户型住宅，楼梯井显得更加重要

从三楼看二楼的餐厅。小户型住宅里，楼梯井这样的挑高空间很重要。

建筑概要

设计、施工：田中建筑公司
家庭结构：夫妇和两个孩子
用地面积：58.01 m²
一楼使用面积：30.37 m²
二楼使用面积：32.80 m²
三楼使用面积：28.75 m²
使用面积总和：91.92 m²

平面图

活用楼梯下面的空间作为厕所

厨房和阳台伸出来，确保停车空间

玄关
收纳
盥洗更衣室
浴室
主卧室

一楼

步入式衣橱

技巧 6

三层楼房用楼梯作为门窗隔扇来间隔

三楼有冷气设备，为了防止冷气流向低层，导致房间变冷，所以用门窗隔扇来堵住成为冷气通道的楼梯。同时，也有防止孩子掉落的功能。

薄墙壁确保楼梯宽度

厨房
榻榻米角落
起居室、餐厅
阳台
悬挂式收纳

二楼

为了保证阳台拥有足够的进深，扶手设置在阳台的外侧

书房
工作空间
楼梯井
阳台
儿童室1
儿童室2

三楼

55

二楼的卫生间。厕所和洗漱池设置在一起，以节省空间。卫生间里有洗衣机，还带有阳台，可见家务动线是具有功能性的。

餐厅和厨房。餐厅兼作起居室，坐在餐椅上可以好好休息。

技巧 **1**

设置多用途的长桌子

从餐厅看卫生间方向。没有沿着墙壁设置沙发，而是在墙边设置长桌子。长桌子可以用作学习空间、电视柜和收纳台等。

三

带车库的狭小、不规则用地上的三层楼房

台形之家

设计、施工：田中建筑公司

用地不仅狭小，还是不规则的，条件极其严峻。因为是不规则用地，所以很难确保与实际使用面积相符的必要空间。应设法掩饰狭窄性。这种条件下再设计停车库真是不容易。

技巧 **2**

用楼梯井把两个儿童房隔开

从一个儿童房看楼梯井。楼梯室和楼梯井把两个儿童房缓缓地间隔开。

从一个儿童房看另一个儿童房。由于斜线的限制，以及天花板很低，导致了两个儿童房的面积不同。

楼梯处设置书架来代替扶手墙。为了不碍事，把书架的位置设置得稍微往后一些。

平面图

一楼

储藏室　玄关　▼
停车库
卧室1

虽然这样的不规则用地死角比较多，但是重视空间感和开放感，就不会浪费不必要的空间

二楼

阳台
厨房　起居室、餐厅
浴室
盥洗更衣室
阳台

为了不感到狭窄，确保视线穿透

三楼

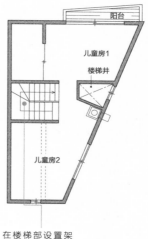

阳台
儿童房1
楼梯井
儿童房2

在楼梯部设置架子，确保收纳空间

建筑概要

设计、施工：田中建筑公司

家庭结构：夫妇和两个孩子

用地面积：56.86 m²

一楼使用面积：21.04 m²

二楼使用面积：33.00 m²

三楼使用面积：31.97 m²

使用面积总和：85.51 m²

从玄关看走廊和主卧室。右侧是储藏室，具有足够的收纳能力。一直延伸到主卧室的走廊，减少了玄关的压迫感。

外观。倾斜度较大的屋顶是受斜线限制的产物。因为是不规则用地，固定车库改成梯形的，很好地确保车库的收纳空间。

技巧 **3**

4.5 张榻榻米大的主卧室

主卧室。由 4.5 张榻榻米和木地板空间构成，可并排铺两张被褥，空间也很宽敞。

起居室。6张榻榻米大的空间与落地窗、阳台相连接。坐下来不用担心邻居的视线。

消除高度限制的案例。以二楼为中心，上下分成两个简单的分区。虽然是小户型，但最大限度地满足了每个人的兴趣和工作要求。

技巧 1
利用墙壁和柱子间的空间来收纳

厨房的固定收纳空间。为了确保狭小的厨房有宽敞的通道，将柜子嵌入柱子内。

起居室和餐厅。起居室采用榻榻米，在内部设置小型的餐厅。对于习惯榻榻米生活的人来说，这样比较舒适。

四

两个成年人居住的三层楼房
根岸之家

设计、施工：田中建筑公司

能接待多位来客的长凳

技巧 2
设置在二楼餐厅，兼具收纳功能的长凳。如果有孩子的家庭来做客，就不能用椅子，而用长凳来代替。打开座面，内部能够收纳。

一楼的工作室和卧室。作为手艺人的父亲在工作室工作，里面的卧室是可铺被褥睡觉的简单布置。两个4.5张榻榻米大的小型房间，将收纳做成吊柜，看上去不那么狭窄。

外观。前面是停车空间，玄关位于旁边的道路上。像塔层那样的三楼是男孩子的房间。

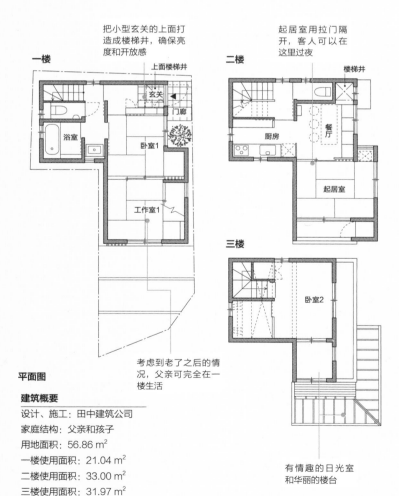

一楼

把小型玄关的上面打造成楼梯井，确保亮度和开放感

二楼

起居室用拉门隔开，客人可以在这里过夜

三楼

考虑到老了之后的情况，父亲可完全在一楼生活

有情趣的日光室和华丽的楼台

平面图

建筑概要

设计、施工：田中建筑公司

家庭结构：父亲和孩子

用地面积：56.86 m²

一楼使用面积：21.04 m²

二楼使用面积：33.00 m²

三楼使用面积：31.97 m²

使用面积总和：85.51 m²

技巧 3

用楼梯收纳

将楼梯台阶之间的竖板设置为抽屉，用作收纳空间。因为小户型住宅往往收纳空间不足，能够收纳的场所都要充分利用。

三楼的卧室。作为孩子的私人空间。左边拉门的里面是壁橱，中间的拉门是楼梯，右面的双扇门内也用作收纳。三楼的楼梯入口需要安装不偏离冷气设备的门。

三楼的榻榻米空间。虽然通常作为书房使用，将隔扇背面的书房和收纳架挡住之后，可用作客人住宿的空间。

技巧 **1**

利用跃层的高低差用于收纳

跃层的楼梯用作收纳抽屉。

收纳不足用阁楼来弥补。

三楼会客厅隔绝冷气的拉门，台阶处的抽屉和墙边的架子可用来收纳。

在 40 m² 的小型用地上建造的住宅。因为没有车，用地可加以充分利用，最大限度地确保建筑面积。虽然是小型建筑，但使用了楼梯井和跃层，方案清晰，设计过程非常有趣。

没有车让房间布局充实的三层楼房

五

谷根千之家

设计、施工：田中建筑公司

三楼的房间。作为儿童房使用。从会客厅到跃层的部分，增强了空间开阔感。从正面可以看到去往阁楼的梯子和扶手。

在主卧室设置
大量收纳空间

一楼　　　　　　二楼　　　　　　三楼　　　　　　阁楼

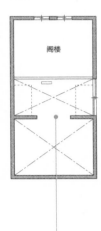

平面图

建筑概要

设计、施工：田中建筑公司
家庭结构：夫妇和一个孩子
用地面积：40.12 m²
一楼使用面积：25.92 m²
二楼使用面积：29.16 m²
三楼使用面积：24.30 m²
使用面积总和：79.38 m²

在凹进来的位
置设置收纳，
消除压迫感

在靠近餐厅一侧
的厨房的长桌子
旁边设置架子

长方形的房间布局，
以直线楼梯代替走
廊，比较方便

在三楼房间的上面设
置玻璃格窗，确保房
间明亮

技巧 2

跃层让高度有张有弛

从起居室看餐厅和厨房。三楼作为跃层
部分，起居室的天花板变高。二楼的餐
厅因为一侧上方是楼梯井，所以没有压
迫感。

技巧 3

用楼梯采光

楼梯。配合建筑的耐火结构在背面钉铁
板。楼梯室上面的天窗可使光线投递到
低层。

外观。把用地全部建满。三
楼阳台一部分凹进去，给予
外观上的变化。

一楼的房间。用作主卧室。因为被住
宅包围，所以窗户主要以采光为目的
（左图）。另一方面，两个壁橱和一
个衣柜保证了足够的收纳空间（右图）。

61

本章设计公司介绍

艺术之家

北海道北见市本町 2-4-10

创和建设

神奈川县相模原市绿区小渊
1707

相羽建设

东京都东村山市本町
2-22-11

菅沼建筑设计

千叶县长生郡长生村宫成
3400-12

罗汉柏建筑工作室

神奈川县横滨市南区睦町
1-23-4

田中建筑公司

东京都江户川区西小岩
3-15-1

Wood Ship

东京都小平市学园西町
2-15-8

浜松建设

长崎县谏早市森山町唐比北
341-1

北村建筑工作室

神奈川县横须贺市追浜东町
2-13

富士太阳能建筑公司

神奈川县横滨市青叶区白
鸟台 2-9

第三章 小户型住宅的设计法则

和大户型住宅不同，小户型住宅的结构有独特的设计法则。取材自形形色色的设计室的设计资料，本书公开了建造小户型住宅的设计法则。

1 控制建筑成本的建筑材料的选择方法

基础采用便于施工的底板基础。地基和柱子采用人工干燥材料。尽管 1.20 m 的角材是最为理想的，但为了控制成本，使用了 1.05 m 的。柏木运输方便，防蚁效果和耐久性也很好。除了柏木，管柱也可采用 1.05 m 的杉木。横梁则可选用花旗松。

充填绝热的前提是绝热性，可采用玻璃棉以节约成本。施工精度直接关系到性能，因此要严格监理，承重构件采用板材，以营造易于施工的环境。屋顶和外墙多采用镀铝锌钢板。既节约成本，又具有创造性和耐久性。

重视人力和时间。例如，湿式加工的施工、养护和干燥，需要大量的时间，导致成本增加。选择材料时应充分考虑上述因素。

（西本哲也）

建筑物背面的木制框架。主体的柱子和横梁分别采用柏木和花旗松。（I'Aube 工作室）

2 控制成本可优先考虑正方形的两层楼房

打造低成本建筑，应首先考虑正方形的两层楼房。与相同面积的正方形相比，细长形建筑的外墙面积增加了，同时，隔热材料、柱子和内部装修的面积也会增加。

同样的，建筑的外立面如果凹凸不平，也会使得面积增加，并且这种结构的角角落落也很多，需要使用大量的特殊材料，从而导致成本增加。

当然，除了正方形的两层楼房，也可采用带中庭的内凹式建筑，即使成本稍高一些，也没有关系。因为中庭的使用效果与费用是成正比的。尽管在实际生活中，效果与费用不一定完全对等，可针对中庭的必要性向业主多做说明。

（西本哲也）

两层楼房的平面图。（I'Aube 工作室）

3 节省房间布局成本的具体方法

本案例采用倒算方式，先根据成本估算出总使用面积，再导出每平方米单价。在用地范围内，一二楼的外形采用性价比高的正方形，室内则采用拼图式设计。这两层楼内可以打造起居室、餐厅和厨房。

了解业主喜欢的颜色，再设计房间布局。这样，业主的要求可直接反映到房间布局上，提高了精度和速度。同时返工次数减少，节省时间和费用。

既能满足要求，又要降低成本，有时仅从整理走廊等动线着手，也可让房间焕然一新。另外，简化图纸上没用的线，减少施工面积，如儿童房、日式房间和书房等房间内的隔断墙，可适当省略。

（西本哲也）

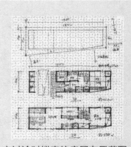

和业主讨论时拟定的房屋布局草图。两层的建筑依照业主的要求设计得布局紧凑、错落有致，与原来的布局完全不同。当场就签订了临时契约。（I'Aube 工作室）

4 在木结构的三层楼房中增加使用面积

狭小的用地没有高度限制的问题，如果容积率大，可采用三层楼高的建筑结构。特别是高度限制为三层楼高的场合，如果不充分利用这个条件，就可能导致采光和视线效果不佳，因此会经常采用三层建筑。

三层楼房可以打造成各种各样的结构，从成本方面考虑，木结构比较好。柱子、楼梯和外墙采用防火结构，并设置在原有木结构的延长线上，既便于施工，又可节约成本。此外，与室内木工装修相配合，容易设计。

三层楼房需重视平面设计，一般把起居室、餐厅和厨房设置在二楼。只是从家务动线角度出发，这样设计，会增加上下楼负担。与楼上、楼下的单独的房间相比，将起居室、餐厅和厨房集中到一起会更自然。三楼的景致较好。建议根据业主的优先次序决定。

木结构三层楼房。东京的普通居民区中，狭小用地较多。另一方面，可建造三层楼房的地区也很多，满足了一些业主的需求。（田中建筑公司）

旗杆状用地的玄关周围。通道种植地被植物和灌木。（奥山裕生设计事务所）

旗杆状用地是不规则形状用地中比较难处理的代表之一，但如果能活用其特征，也能设计出很好的住宅。

难以处理的"杆"的部位，部分用作停车场，剩余的部分活用为庭院。若只是普通的庭院就罢了，但因为是独门独院，景观元素丰富的庭院恰是其妙趣所在。适当设置植栽、铺路石、沙砾和照明灯，打造一条富有情趣的通道。

住宅的四周被包围，很难确保隐私、采光和通风。本案例是带有中庭的住宅。住宅的外侧不设置承重墙，靠近中庭的一侧设置大窗户。通过中庭，让阳光照进来，给人一种宽阔的感觉。

如果没有中庭，有效利用天窗和高侧窗，以确保通风和采光。

跃层。上层是厨房。（吉创意设计事务所 + Atelier Como）

小户型的住宅内打造跃层，给人狭小的印象，但是跃层的优点也很多。

首先，增加了收纳空间。小户型住宅往往收纳不足。建造跃层产生的高差部分可用作收纳空间。特别是作为一楼的部分，因为地板抬高，其下面是大片的半地下空间，能收纳很多东西。

营造出开阔的感觉。跃层部分的天花板变高，视线距离变长，让空间显得更宽敞。无须减少使用面积，只通过楼梯井就能营造出这种效果。地板高度的变化可以起到隔断的作用，就没必要设置墙壁。控制空间内墙壁的设置，确保视线开阔。

铺设纤维板的情形。采用纤维板，因为施工者实行责任施工，施工精度的风险降低。（西方设计）

小户型住宅比一般的住宅面积小，暖气和冷气都见效快，因此更加节能。试着提高住宅的隔热性会怎么样呢？

小户型住宅做隔热处理是比较容易的。需要施工的墙壁、屋顶和地板面积小，隔热材料的使用量就少，还可节约能源的消耗，既省钱又环保。

相较于空调的使用，小户型住宅更适合做隔热层，因其可快速调节温度，省电又节能。

但是，如果夏天的阳光直射，室内温度会迅速升高，所以设计时要注意避免阳光直射。由于城市内住宅的房檐很少探出来，所以有必要设置百叶窗等。

北侧设置高侧窗，用于采光。根据该区域的风向趋势，在南北和东西两侧设置窗户，通风效果好。（l'Aube 工作室）

在城市的狭小用地上，通风是个大问题。尽管住宅密集区不利于通风，但有风的日子，只要不是盛夏那几天，希望不安装空调也能度过一天。

狭小用地上的建筑，可利用烟囱效应进行通风。利用热空气上升这一特性，尽量在住宅上方设置窗户，以促进室内空气流通。从城市地区的隐私性和采光角度出发，最好利用高侧窗采光和天窗通风。另外，还应充分考虑一楼窗户的位置，可在北侧设置地窗，以便通风。

最后，根据用地地形来设置窗户。在住宅密集区，因为道路变成了风道，可在道路的一侧设置进风窗。此外，宽阔的胡同和附近的庭院也是良好的通风场所，要好好加以利用。

9 如果建造小户型住宅，就放弃起居室

在普通的住宅里，起居室、餐厅和厨房是必不可少的，尤其是起居室这种类似住宅颜面的存在。但如果要控制使用面积，却不一定非要建造起居室。

提到起居室，就会想到沙发和电视。但是多数的情况是，很多人即使有沙发也不坐，而是坐在地板上。一家人围坐在一起看电视的时间也不多。还有的时候，人们在餐桌上边吃饭边喝酒，吃完饭就直接去睡觉了。由此可见，起居室并不是必不可少的。

没有起居室的情况，可用大的餐桌或者可放下一张餐桌的空间来代替。另外，还需配备舒适的椅子。选用大餐桌不仅仅用于吃饭，还用于孩子玩耍和学习等用途。在餐厅设置一个可以观景的窗户就更完美了。

大餐桌占据了起居室的大部分，一家人可围坐在餐桌前享受生活。（sha-la）

10 充分利用走廊等空间

即使是小户型住宅，走廊、楼梯和玄关等也是家中不可缺少的空间。设计宜考虑便利性、安全性和无障碍通过性等方面，以确定这些空间的大小，这与住宅的大小关系不大，尽管小户型住宅在面积上不具优势。

那么，换个角度来设计，试着将走廊和楼梯充分利用起来会有什么效果呢？例如，将走廊设置得宽一些，摆上桌椅，做一个学习角。如果是客人不会走入的地方，则还可以在墙上钉个横杆或壁橱。

楼梯设置在起居室的旁边，可用作休息的场所。如果在楼梯的墙壁上设置书架，会更舒适。玄关设置得宽阔一些，作为库房和放置自行车、婴儿车的场所，具有小客厅的功能。按照希望的使用方法准备合适的家具。

玄关、门厅和走廊合为一体的宽阔的素土地面房间。摆上家具和桌椅，则可作为客厅和起居室等来使用。（I'Aube 工作室）

11 突破常规的儿童房设计

儿童房是有孩子的家庭中不可缺少的，设计时要充分考虑儿童房的必要性和宽度。

儿童房必要的使用时间很短，大概是从小学高年级开始的 10 ~ 15 年时间里。这之后则用作偶尔回家的孩子的储藏室。

如果作为储藏室，尽量小一些，当然也可以另作他用。

尽量设计成小型的儿童房，可供睡觉和学习，包括收纳在内 6 张榻榻米大的空间就足够用了。如果担心孩子在房间里闭门不出，可以把学习角设在外面，这样房间只需 3 ~ 4.5 张榻榻米即可。如果有两个孩子，空间要 8 张榻榻米大，房屋的中间用双层床和书架简单地隔开。以后再根据孩子的性别来设置隔断。

厨房里的学习角。可作为孩子学习、女主人做家务和读书的场所来使用。（sha-la）

12 小户型住宅的单间用门窗隔扇和家具来隔开

小户型住宅如果用墙壁来隔断各个房间，狭小的房间会让人产生压迫感。因此，应避免使用隔断墙，而是用门窗隔扇和家具来隔开。使用门窗隔扇（主要是拉门）的时候，关上就变成了单间，打开时就和周围的房间连接起来，变成宽阔的房间。例如，如果日式房间和起居室、餐厅兼厨房相邻，打开拉门，日式房间可作为第二起居室和孩子玩耍的场所使用，关上拉门，则可用作客厅和卧室。这时，特别是打开拉门的时候，拉门可以收进墙内。采用悬挂式推拉门，不设置门槛，设法消除拉门的存在感，效果会更好。

也有用家具分隔房间的情况，例如，儿童房用书架作为隔断，既可收纳很多书，将来也容易拆除。把握好家具与天花板之间的距离，以营造开放感。

用架子将餐厅和榻榻米空间缓缓地隔开。（伊佐 HOMES）

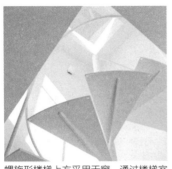

螺旋形楼梯上方采用天窗。通过楼梯室将透过天窗的光送到低层。（sha-la）

与住宅面积无关，只要建筑超过两层，就一定会设置楼梯，而且不能设置成小型的。因此，小户型住宅要充分利用楼梯的特性。

楼梯具有贯通性，贯通了一楼、二楼以及阁楼。另外，楼梯本身即具有类似楼梯井的效果。

因此，如果住宅不设置楼梯井，则可以将楼梯设置在起居室旁边，再在楼梯室的上方设置窗户，明亮的阳光可以到达下面的楼层。根据楼梯的配置方法，也能确保视线穿过。

放弃楼梯下面的收纳空间，而采用镂空楼梯，则更有利于通风和光照。有效利用钢筋等材料打造横梁，使结构看起来更轻快。螺旋形楼梯外形美观，还可节省空间。当然，也要充分考虑安全性。

在建筑物的周围种上植物，并用板壁作围栏。（饭田贵之建筑设计事务所）

狭小的用地更应该充分加以利用。好不容易建造独门独院的住宅，如果没有庭院就太可惜了。因此，即使稍微减少建筑物的使用面积，也要打造庭院。

那么，在哪里建造小庭院呢？答案是建筑物和道路边界线之间的空间。可以种植矮树，营造与道路之间的界线。一方面能限制人随意出入，另一方面，绿植围墙消除了内外视觉上的压迫感，丰富了外观。

接下来将玄关设置在从道路上看到的一侧的里侧，通向玄关的通道打造成庭院。通道铺有石头和沙砾，两旁种上植物，营造出舒适的氛围，走在其中仿佛在庭院里散步。

设置中庭。城市区里建筑物之间的距离很近，窗户很难打开，这样就削减了使用面积。但是，带有中庭的住宅具有一定的开放感。

将厕所、盥洗室、更衣室集中在一起。设置大窗户，避免空间显得狭窄。（饭田贵之建筑设计事务所）

由于使用方法不同，将厕所和盥洗室分开设计是最为理想的。小户型住宅里设置多个单间会在不知不觉中削减住宅的使用面积，并且，设置隔墙和门窗等的成本也会增加。

建议将厕所、盥洗室和更衣室合并在一起。这样，墙壁减少了，上厕所的时候不会感到狭窄，也无须单独设置洗手池。用水房间集中在一起，容易打扫。

但是，有时候会在洗手间上厕所，所以最好在坐便器旁边设置高出腰部的墙壁，以便洗手时看不到坐便器。

把盥洗室和厕所并用的地方给客人使用会很不方便，最好在别的楼层单独设置一个客人用卫生间。

在住宅的中间设置旋转楼梯，可以通往各房间。各房间的门排列在楼梯走廊的周围。（松浦建设）

城市里都会有细长的用地，也就是所谓宽度为 4 m 的用地。并且这种用地出乎意料的有很多。

小型用地尽量减少走廊，增加房间和收纳的使用面积。玄关的位置基本不变，只需将用地宽度窄的一端设置成玄关，然后房间的入口和长走廊即连接起来。但是这种情况下，各个楼层的长走廊可能会白白地浪费掉，所以要有效利用走廊，使之变成学习角和收纳空间等。

正面宽度为 4 m 的建筑物，几乎没有空闲的地方。可以在中间设置旋转楼梯，把房间分割成两部分，即使不设置走廊也能进入各个房间。宽度窄的一端设置为玄关的情况下，将玄关到一层的中间位置设为走廊，并从这里开始设置旋转楼梯。

17 将卧室作为自由空间充分利用

小户型住宅理想的状态是一个房屋有多种用途。卧室也是能够用于除了睡觉以外的其他用途，比较方便。

例如，将卧室与起居室连接起来。地板采用榻榻米，铺上被褥睡觉。早上把被褥收起来，打开隔扇，就变成与起居室连为一体的榻榻米空间。有客人在这里过夜的时候，拉上隔扇，可以作为临时卧室。小户型住宅如果能像这样在需要的时候有效利用，空间就不会被浪费。

但是，有的业主喜欢在床上睡觉，对于这种情况应多加考量，将卧室打造成一个具有特殊功能的房间。作为折中方案，可采用榻榻米地台，睡觉时在上面铺上被褥即可，并且还可根据需要将地台做成可移动式的。

起居室旁边的榻榻米空间。把隔扇打开，就和起居室连成一体，关闭隔扇，可以作为客厅、卧室。（伊佐 HOMES）

18 将阳台设置在室内

即使是尽可能控制使用面积的小户型住宅，也会设置阳台。一般来说，阳台只用于晾衣服等用途，但这样就太浪费了。如果可能，将房间与阳台连接起来，可以使房间看上去更宽阔。

通过阳台让房间显得宽阔的关键是连续性。阳台地板采用与室内地板材料相同或颜色相近的木材，就会产生连续性。如果阳台与室内地板的高度以及落地窗窗框的高度相同，会让人感觉更有连续性。当然，下雨的时候，高度一致是不利的，所以阳台四周的防水和排水措施要做到万无一失。

落地窗尽量延伸至天花板，可以增强空间的连续性。另外，窗框也要设置在不显眼的地方。经过这些处理，就可在不知不觉中在阳台上度过时光。

起居室和阳台一体化。地板的高度几乎一致，晴天的时候往往在阳台上度过。（kitokito）

19 小户型住宅内打造小型书房

很多业主希望能拥有一个书房。但是，如何在有限的空间内打造一个低优先级的趣味空间，是一道难题。这里便介绍了几个打造书房的小建议。

一是有效利用死角，如过小的空间、楼梯下面、阁楼、走廊尽头等，在这些空间配置上桌椅。如果以能坐下为前提，对空间高度的要求就不会很高，改造家中死角即可。

另外一点是要用墙壁等将空间分隔开。如果是死角或是房间尽头，则不必要设置间隔。但是为了不受周围环境影响，让人能够集中精神，即使只是心理上的间隔也是有必要的，所以可使用架子和卷帘等。

书房一角。（井川建筑设计事务所）

20 小户型住宅优先考虑拉门

提起门窗隔扇，通常会想到拉门或单扇门。如果是小户型住宅，则通常采用拉门。

采用拉门最大的理由是，打开时不会碍事。因为拉门可以隐藏入墙壁，不会对人行走和物品的摆放产生干扰。单扇门一打开就会占据走廊，有时还会碰到东西，但拉门就不会有这些问题，因此，小户型住宅建议使用拉门。

打开拉门的时候，门的存在感会消失，房间更具开放感。还可以使用门窗隔扇代替墙壁作隔断。

另外，拉门除了用作隔断外，还可以作为收纳柜的门，取东西方便，但缺点是地震的时候不易打开。

面对走廊的门采用拉门。（伊佐 HOMES）

Ⅰ形厨房。采用成品厨具。面向起居室的一侧与室内装修相协调。（滨松建设）

小户型住宅中不能变小的就是厨房。虽然厨房的形状各种各样，但尽量考虑Ⅰ形或Ⅱ形。

优点是不会浪费空间。L形厨房的缺点是拐角处台面上只能用来放东西，这块基本上成了死角。考虑到收纳及厨房利用率，避免使用L形布局。

采用Ⅰ形还是Ⅱ形，要根据厨房占用面积来确定。如果不需要把厨房空间分割开的话，就用Ⅰ形。Ⅰ形厨房要在附近设置餐桌，方便摆菜和收拾，弱化厨房的存在感，还与起居室等周围空间相协调。厨房与餐厅距离近，可以让家人帮忙端菜、收拾等。但是，从房间可以看到Ⅰ形厨房的全貌，所以厨房护墙板的选择也要注意。

将一楼的地板抬高，下面作为半地下室。半地下室主要用作收纳空间。（大阪燃气住房建设）

狭小用地中不能确保使用面积的情况下，可以建造三层楼房或地下室。费用与建造方法、用地容积率等因素相关。如果容积率小，为了降低容积率（总建筑面积的三分之一）只能建造地下室。

地下室尽量建在干燥的区域，可以用作起居室，但费用较高。预算少时，以半地下收纳空间为中心加以利用。只在上方设置窗户用于采光，与普通的地下室相比不易结露。可采用最普通基础的施工方法。但是，为了降低容积率，与地面之间的距离要控制在一米之内。

为防止结露，应充分发挥隔热材料的效用。混凝土墙面容易产生结露，因此在主体结构的内外侧做好隔热处理，可避免日后使用空调出现结露现象。

阁楼。有多扇窗户，白天十分明亮。（伊佐HOMES）

和地下室一样，阁楼也能降低容积率（总建筑面积的三分之一）。面积小、容积率小的用地需要经过充分考虑。

对于阁楼的窗户、楼梯等，各地都有详细的规定。设计时应以这些规定作为基础，除此之外，还有几个设计要点。

首先要做好屋顶隔热。阁楼基本上不用作起居室，并且如果使用一般的隔热材料，会因为夏天太热，而犹豫要不要进去。以新一代节能标准为基准，尽可能采用厚的隔热材料，以提高阁楼的舒适感。

其次是降低阁楼天花板的高度。阁楼不用作起居室，而是作为厨房和用水房间等的备用空间。

采用磨砂玻璃将空间隔开。确切地说是拉门和格窗。空间明亮，没有压迫感。（伊佐HOMES）

隔断尽可能少是最理想的，尽管如此，必需的隔断还是要建造的。这种情况下，应采用低矮或透明的隔断，以确保视线穿透，营造出开放感。

例如，起居室和餐厅之间、两个儿童房之间、起居室和厨房内学习角之间的空间等，往往没有必要设置间隔，所以可用及腰高的墙壁来分隔空间。这样设置既能产生明确的场所性，又不会阻挡视线和破坏空间的开放感。墙壁也可用架子等家具代替，以与室内装饰协调统一。

还可以利用玻璃、聚碳酸酯墙板、百叶窗等进行间隔。采用这些材料与普通的墙壁相比没有压迫感，让光和视线穿透。根据私密性决定透明度，以及百叶帘的空隙。

25

用玻璃和镜子来扩展浴室和更衣室

浴室和更衣室的大小与住宅的大小没关系，而是由其面积尺寸决定的。因此，并不是小户型住宅特有的现象，而是只要做成小型的就会显得狭窄。建议浴室和更衣室之间的隔断采用玻璃。

虽然可以在浴室里设置大窗户，但不能兼顾私密性。与此相比，浴室和更衣室之间用玻璃作为隔断，确保私密性。还可在更衣室安装内锁。这样，视线变得开阔，也营造出空间感。门也同样可以采用玻璃。

更衣室采用洗脸盆组合，墙上设置一面大镜子，不会产生不协调感，还可以让多人同时使用。使用大镜子的主要目的是增强空间感。

更衣室和浴室之间用玻璃隔开。可通向外面，十分具有开放感。（加贺妻建筑公司）

26

用楼梯井确保视线距离，使小户型住宅更宽阔

视线距离与空间感受的关系密切。增加视线距离，可增强进深感，使空间显得更加宽阔。一般住宅的起居室、餐厅约有 11 张榻榻米大，最大视线距离是 5 m 左右。而小户型住宅利用通向二楼天花板的楼梯井，也能够确保 5 m 的最大视线距离。

那么，建造时楼梯井的实际面积应有多大呢？将天花板高 2.5 m、11 张榻榻米的空间旋转 90 度来设计，楼梯井尺寸为 3.6×2.5×5 m。即变成天花板 5 m，面积是 3.6×2.5 m，约为 6 张榻榻米的空间。

但是在现实生活中，小户型住宅建造 6 张榻榻米大的楼梯井比较困难，基本上只能保证在 4.5 张榻榻米左右。楼梯井的设置，引领路线一路仰视，让空间看起来更加宽阔。当然，最好是将楼梯井设在起居室的楼梯上方。

（西本哲也）

楼梯井。以楼梯井为中心，在房间和走廊上设置多个开口，消除狭窄感。（I'Aube 工作室）

27

活用大窗和角窗扩展空间

窗户能够让视线穿透，增强空间感。所以小户型住宅里，窗户的设计是关键。

首先，最好设置大窗户。例如，在起居室设置一面大窗户，上通天花板，左右连接两侧墙壁。可以将室外空间与室内空间连为一体，营造出开放感。

其次，建造楼梯井。在二楼设置窗户，扩大视觉空间感，让空间变得更宽阔。但是窗户变大时，也要注意保护私密性。另外由于阳光直射，包括起居室在内的房间应设法阻挡日照和来自外面的视线。

在走廊的尽头、玄关、墙角、家具间的空隙等视线穿过的地方，适当地设置窗户，无论窗户大小，都会制造出一定的空间感。

面向起居室露台的一侧采用落地窗。起居室与室外连成一体。（kitokito）

28

采光窗采用磨砂玻璃

窗户能够兼顾光照和景色最好。但是在住宅密集区的狭小用地想拥有好的景色，是很困难的。这时只能舍弃景色，建造采光窗，优先考虑进入室内的光线配置窗户。

在不期待景色的情况下，可使用磨砂玻璃。使用磨砂玻璃可以阻挡外面的视线，保护内部的私密性。但是晚上一开灯，窗户上会反射出人影，所以要注意形象。

在不确定采用磨砂玻璃还是透明玻璃的时候，是否安装窗帘就起了决定性作用。

如果安装窗帘，可用窗帘遮掩，这时可以选用透明玻璃。

（西本哲也）

天窗采用磨砂玻璃。既能保护隐私，又能采光。（I'Aube 工作室）

在楼梯的上方设置天窗。中午时，明亮的阳光穿过楼梯室到达低层。（I'Aube 工作室）

如果是都市型的狭小住宅，可大量使用高侧窗和天窗采光，有效地维持室内的亮度。但是，应充分考虑安装的位置。

例如，夏天时，阳光从天窗射入，使房间变热，即使用空调也不会变凉爽。因此，要在夏天阳光不能直射的地方设置天窗，这一点很重要。

天窗和高侧窗设置在楼梯井和楼梯室的上方，即使是小窗户，也能让屋子充满阳光。另外，还可采用电动窗户，方便开关，将室内的热气排到室外。

采用高侧窗时，会用组角片将窗框固定在天花板上，光线沿着天花板扩散，会出现五颜六色的效果。

（西本哲也）

起居室采用白色的墙壁、明亮的地板。阳光穿过落地窗，室内明亮又开放。（kitokito）

越是小户型住宅，越需要从视觉上和心理上扩展空间。因此，与视线穿透同样重要的是室内装饰。

以明亮淡雅的颜色作为基础。壁纸、涂料和瓦工材料等从被称为膨胀色的白色和粉色中挑选。瓷砖也最好选用白色的马赛克瓷砖。地板砖也采用相同的色系。

木地板采用色彩明亮的松木、丝柏木、水曲柳木等，并涂以白色涂漆。

室内的地面材料，尽量选用一种材料，可使空间具有连续性，看起来更开阔。为了制造连续性，建议采用拉门或是卷帘门，不会造成阻碍。

尽量减少踢脚线和门窗框的使用。采用较为结实的胶合板等，不用担心墙面、内角破损，施工方便。（I'Aube 工作室）

设计小户型住宅有很多限制。尽可能减少踢脚线、门窗框、顶角线等，使其不显眼，让设计流畅，扩大空间。

关于踢脚线，虽然可以不做，但因为有时悬挂吸尘器等会损坏墙壁，建议还是安装上。可以将踢脚线做得小一些，颜色与墙壁保持一致，不会引人注目。嵌入式踢脚线，更弱化其存在感。

门窗框嵌入天花板和墙壁内，并保持色调一致，不会显眼。还要控制可见边框的宽度。

顶角线基本上省略是没有问题的。天花板和墙壁间留有空隙时，可保持原状，并对间隙加以利用，打造成间接照明，让空间更富有进深感。

起居室的墙壁上方建造垂壁，在其间安装照明器具。（奥山裕生设计事务所）

小户型住宅可以充分体现间接照明的效果。照明一部分墙壁、天花板和地板，营造出进深感。间接照明，也被称为建筑化照明，就是将建筑和照明融为一体。在建筑物的里面安装上照明器具，利用建筑物表面反射光线，光线落在物体上，显得十分自然。

如果安装在墙壁上，就在天花板的角落打造壁龛，在这里装入灯具。要注意光线不宜过亮，灯具要隐藏起来。安装在家具的上方，在那里照亮墙壁。

天花板的情况是，除了安装在家具的上方，从那里向天花板和墙壁之间的空隙照射，还可以将灯具安装进弧形天花板。

地板只能从家具的下方照亮地板。玄关等空间，将照明器具安装在抬高地板的边缘。采用间接照明，使得被照亮的墙壁和地板更富有质感。

33 小户型住宅应设置多个收纳空间

小户型住宅要重视收纳空间的设置。住宅大小和行李多少没有关系，因为对东西的价值观不会变。但如果随口说屋子小，东西就丢掉吧，这对于那些花很多钱想要打造理想住宅的业主来说，是非常失礼的。

因此，不占用空间增加收纳力的技巧是必需的。在各个房间和走廊的墙面设置小型的收纳空间来代替步入式衣橱。因为步入式衣橱必须留有人站立的空间，而这个空间不能放东西。如果是房间和走廊，因为本身这两个空间就是人们休息和移动的空间，不会影响收纳量。要有效利用走廊等墙壁多的地方用作收纳空间。

重点是利用好地板间的高度差和地板下面。把榻榻米空间的地板抬高，下面用作收纳空间。也可以把楼梯下面的空间用来收纳。

楼梯的下方做成架子。
（伊佐 HOMES）

34 减少走廊，增加起居室和收纳空间

走廊是家中的交通空间，人们很少会在此处停留。明确地说，就是个无用空间。因此，在使用面积有限的小户型住宅中，尽量减少设置走廊。

如果一楼是以起居室、餐厅兼厨房为中心的结构，基本上走廊是不必要的。当一楼还有其他单间时，可以在起居室、餐厅兼厨房的墙壁安装通往单间的门，动线简单流畅。

没有起居室、餐厅兼厨房的情况下，在建筑的中间设置楼梯和玄关，从楼梯和玄关直接进入各个房间。根据用地的面积和楼道的位置，将玄关设置在中间比较困难。但如果布置得当，中央玄关、楼梯也是可能的，楼梯只能采用旋转楼梯。

不借用走廊，从起居室、餐厅兼厨房进入玄关和楼梯。（伊佐 HOMES）

35 墙壁收纳要设法减轻压迫感

要控制收纳空间的面积，可采用墙壁收纳，将其设置在起居室、走廊、玄关等场所。

不是简单地在同一个场所的多面墙面上设置收纳空间，而是要将其设置在不方便摆放家具的地方。

如果对收纳量没有要求，可将高度控制在及腰高度，减轻压迫感。收纳量不足时，在墙上做吊柜，吊柜的下端差不多在墙壁的中间位置，同样也可减轻压迫感。

必须设置墙壁收纳时，要尽量将物品隐藏起来。具体来说，就是用门等将物品遮挡住，柜门上装斜拉手，向左右拉开。颜色与墙壁色调一致，采用胶合板营造木质感。

铺设榻榻米的空间墙面得到充分利用。为了减轻压迫感，采用了地柜和吊柜。（饭田亮建筑设计室）

36 采用Ⅱ形步入式衣橱

步入式衣橱必须留有人站立的空间，所以对于小户型住宅来说并不实用。由于可以将衣物收纳在一个空间，因此仍有很多业主希望打造步入式衣橱。

步入式衣橱有多个种类，根据衣物的种类、多少，以及空间的状况来区分。相比 L 形，Ⅱ形步入式衣橱收纳量大并具有便利性，死角不多，容易找到衣物。但是Ⅱ形要保证至少 3 张榻榻米的空间。

通道的两边都设置入口，方便进出，既可作为收纳空间，也可用作交通空间。

衣橱部分采用简易结构，再放上一些衣架就足够用。从市面上购买的抽屉，要注意尺寸。

Ⅱ形步入式衣橱。左右墙壁用于收纳。（滨松建设）

第四章 小户型住宅的最新实例大图鉴

本章聚集了适合小户型住宅的房屋设计创意，集合了多家设计事务所、建筑公司设计的小户型住宅的事例，同时详细介绍了房屋装修的计划和设计的要点。绝对没有重样，创意丰富多彩。

都市型小户型住宅

 都市型

带明亮的日式房间的住宅
下马 T 公馆　设计、施工：(伊佐 HOMES)

起居室、餐厅　　开放式格窗

在二楼的开放式空间设置书房。上面是阁楼

一楼的日式房间和起居室、餐厅兼厨房。带玻璃门和开放式格窗的明亮的日式房间作为第二起居室有效利用，此外，还可作为客厅使用。

用玻璃门和格窗确保日式房间和起居室、餐厅兼厨房的连接

关闭日式房间拉门的时候。如果是玻璃门，关上门也没有压迫感，日式房间和起居室也都不会有狭窄的感觉。把楼梯做成镂空楼梯，完美融入起居室、餐厅兼厨房。

一楼

二楼的盥洗室和厕所之间不设置墙壁，减少压迫感。外观是简单的两层，只突出玄关的形状。

通往阁楼的楼梯下面用作架子。二楼的日式房间打开拉门后，能够确保明亮和宽敞。

建筑概要

设计、施工：伊佐 HOMES
家庭结构：夫妇
用地面积：69.63 m²
一楼使用面积：40.55 m²
二楼使用面积：40.57 m²
使用面积总和：81.12 m²

都市型

带楼梯井单间的住宅
H公馆　设计、施工：伊佐HOMES

宽阔的西式房间，将来分隔开，能够用作两个单间

储藏室可以从玄关和厨房出入，既可用作鞋柜，还可作为食品储藏室。作为购物回来时的家务动线也很称心

一楼

厨房

一楼的起居室和木甲板阳台。虽然起居室和餐厅的面积不是很大，但是因为有露台搭配，在心理上很大程度地消除了这种狭窄感。

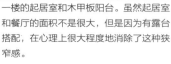

从起居室、餐厅看厨房、玄关和楼梯。厨房的隔断墙与天花板之间留有空隙，带来宽阔感。

卧室，上面做成楼梯井，有开放感。从左边卧室的楼梯去阁楼。右边的图片是楼梯室。通往阁楼的楼梯做成镂空楼梯，使得楼梯室明亮起来。

这里设置有能开关的天窗的阁楼。考虑了与单间的通风性。从道路一侧看到的外观。因为是住宅密集区，减少道路一侧的窗户。

建筑概要

设计、施工：伊佐HOMES
家庭结构：夫妇和两个孩子
用地面积：102.10 m²
一楼使用面积：40.48 m²
二楼使用面积：40.48 m²
使用面积总和：80.96 m²

都市型

从餐厅能眺望到好风景的住宅

T公馆　设计、施工：伊佐HOMES

建筑概要

设计、施工：伊佐HOMES

家庭结构：夫妇和两个孩子

用地面积：104.56 m²

一楼使用面积：39.66 m²

二楼使用面积：40.76 m²

使用面积总和：80.42 m²

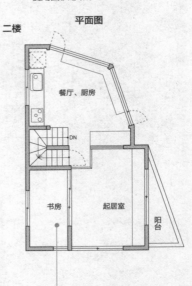

平面图

二楼

在起居室里侧设置书房，上部作为阁楼

从二楼的厨房、餐厅看窗外。因为环绕住宅屋顶的上部有窗户，风景很好。

以两层为基础的简单外观。平面配合用地形状变形。

为了扩大收纳空间，敢于尝试三角形形状

一楼

从阁楼往下看可以看到二楼的起居室。有大落地窗和白色天花板，显得空间格外明亮。

在二楼的起居室铺榻榻米，只在靠近阳台的这边铺木板。配置壁橱来控制厨房面积。

都市型 有效利用不规则用地的住宅

K 公馆　设计：桑原京佑、伊佐 HOMES　施工：伊佐 HOMES

二楼

盥洗更衣室　浴室

会客厅

卧室　DN　UP

日式房间

主卧室

为了确保一楼起居室天花板的高度，提升两个卧室地板的高度

厨房　　　　　　　玄关门厅

一楼的餐厅、厨房。餐厅的大玻璃窗外设置木制甲板，营造了一种开放感。

设置木围墙，从外面看不见的晾晒衣服的空间。在周围种植植物，从室内看成为自然空间

一楼只设置起居室、餐厅兼厨房，尽量确保大空间

一楼

厨房

UP

起居室　　餐厅

玄关　玄关门厅

楼梯上面有天窗，光线照射在楼梯和楼梯旁边的泥瓦墙上，整个景象成为空间的装饰。

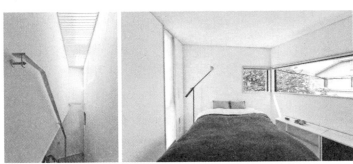

右边图片是二楼卧室。窗户的设置十分合理，既避免了视线干扰，又营造了开放感。

道路一侧唯一的庭院重视隐私。在门厅的一侧设置大窗户，用于室内采光

建筑概要

设计：桑原京佑、伊佐 HOMES
施工：伊佐 HOMES
家庭结构：夫妇和孩子
用地面积：88.42 m²
一楼使用面积：43.50 m²
二楼使用面积：44.98 m²
使用面积总和：88.28 m²

两层的简单外观。设置在凹进位置的玄关成为亮点。

每个楼层都带有跃层的住宅

都市型

文里之家　设计：吉创意设计事务所 + Atelier como

阁楼

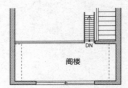

餐厅兼厨房

二楼的起居室、餐厅兼厨房。一上楼梯就是餐厅兼厨房这样有趣的构造。

二楼

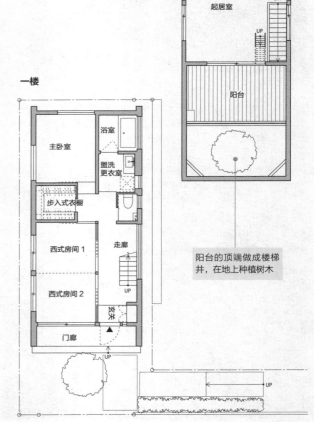

餐厅、厨房

起居室

UP

DN

UP

阳台

阳台的顶端做成楼梯井，在地上种植树木

一楼

主卧室

浴室

盥洗更衣室

步入式衣橱

西式房间 1

走廊

西式房间 2

UP

玄关

门廊

UP

从厨房的一侧看二楼的起居室、餐厅兼厨房。设置梯子，能够去往阁楼。右边图片是建筑外观，白色突出来的是二楼的阳台。

建筑概要

设计：吉创意设计事务所
　　　+ Atelier como
家庭结构：双亲和孩子
用地面积：78.66 m²

都市型

像旗杆状用地一般纵向延伸的住宅

砧之家　　设计：奥山裕生设计事务所

厨房

阁楼

二楼

二楼的起居室、餐厅兼厨房。二楼部分采用只有起居室、餐厅兼厨房的结构，尽量确保空间。

分别从起居室方向和厨房方向看整个空间。厨房上面的楼梯井和起居室里面的窗户给予空间开放感。

一楼

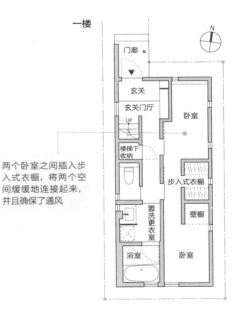

两个卧室之间插入步入式衣橱，将两个空间缓缓地连接起来，并且确保了通风

起居室内部的壁龛刚好能并排放置两个沙发。"杆"的部分是玄关门廊和玄关。

建筑概要

设计：奥山裕生设计事务所
家庭结构：夫妇
用地面积：90.73 m²
一楼使用面积：36.40 m²
二楼使用面积：29.12 m²
使用面积总和：65.52 m²

有环形动线方便移动的住宅

经堂之家　　设计：奥山裕生设计事务所

平面图

把孩子的卧室设置在一楼，学习和玩耍的房间设置在距离近的二楼

二楼

收纳

多用途房间（儿童房）

厨房

工作空间

DN

屋顶露台　起居室　餐厅

一楼和二楼都不设置像样的走廊，采用以楼梯为中心的环形动线设计

一楼

屋顶露台　　　工作空间

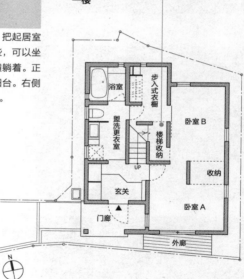

浴室

步入式衣橱

盥洗更衣室

卧室B

楼梯收纳

UP

收纳

玄关

卧室A

门廊

外廊

N

从餐厅看起居室。把起居室地板设置得高一些，可以坐在角落，也可以横躺着。正面窗户的前面是阳台。右侧的里面是工作空间。

二楼的楼梯室。里面是工作空间。楼梯室的上面有大窗户，阳光透过楼梯室可以到达一楼。

玄关。正门里面是卧室，楼梯直接通向二楼的起居室、餐厅兼厨房。右边图片中的大窗户是二楼起居室的。玄关设置在左边向里凹进的位置。

从起居室看厨房、楼梯室。在楼梯室窗户的另一面设置儿童房。右边图片是餐厅，安装了电视柜。

建筑概要

设计：奥山裕生设计事务所

家庭结构：夫妇和孩子

用地面积：103.36 m²

一楼使用面积：42.10 m²

二楼使用面积：41.69 m²

使用面积总和：83.79 m²

摄影：伊部功

根据使用方法不同变换空间的住宅

都市型

保谷之家　　设计：奥山裕生设计事务所

二楼　　　　　平面图

把房间按照具体用途分隔开

楼梯　　　　　家庭活动室　　　　　厨房

二楼的餐厅、厨房、家庭活动室。从厨房能环视餐厅和家庭活动室。

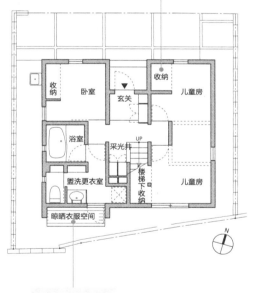

与其设计一个大的收纳空间，不如在各个房间设置收纳

一楼

餐厅里面的地台。榻榻米空间可以多用途利用。右边图片的家庭活动室准备了很多架子，作为孩子玩耍和读书的空间。

儿童房，现在是一个房间，将来能分隔开。

在用水房间和洗衣机附近配置晾晒衣服的空间

夜晚的外观。把一楼的中间部分作为玄关，形成对称设计。

建筑概要

设计：奥山裕生设计事务所
家庭结构：夫妇和两个孩子
用地面积：95.34 m²
一楼使用面积：43.88 m²
二楼使用面积：44.72 m²
使用面积总和：88.60 m²

都市型

起居室、餐厅兼厨房宽敞的住宅

U 公馆　设计、施工：加贺妻建筑公司

楼梯　　　　　　　　　　　　　　　　长凳　厨房

一楼的餐厅和厨房。小型餐厅固定安装长凳和椅子。

为了把一楼起居室设置得大一些，在二楼配置用水房间，在上面设置阁楼收纳空间

厨房一侧设有厕所，因此厨房做成了 L 形的。为了使从一楼楼梯室窗户射入的光到达起居室，设置镂空楼梯。

一楼只设置起居室、餐厅兼厨房和玄关，尽量确保起居室、餐厅兼厨房的空间

二楼准备铺木板和榻榻米的房间。打开拉门就成为一个房间。二楼是阁楼收纳空间。

外观。黑色镀铝锌钢板的外墙、木门和防雨窗套相协调。

建筑概要

设计、施工：加贺妻建筑公司
家庭结构：夫妇和孩子
用地面积：77.58 m²
一楼使用面积：38.92 m²
二楼使用面积：39.74 m²
使用面积总和：78.66 m²

设计：高桥一总、代田伦子　监督：岩本龙一　木工：铃木明宏

82

都市型

楼梯井和收纳较多的住宅

H 公馆 设计、施工：加贺妻建筑公司

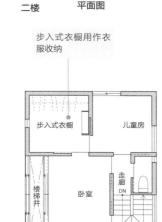

步入式衣橱用作衣服收纳

楼梯　　　　　甲板　　　厨房

一楼的起居室。起居室的落地窗能凹进来。

起居室旁边的楼梯空间。和固定安装收纳柜一体，有效利用楼梯的死角。

二楼的卧室。右边的门连接阳台，左边的门连接书房。左边图片是书房内的情形。

外观。小型阳台的正下方是玄关门廊。阳台设计成小型的。

设计：高桥一总、高宫秀和　监督：吉村政弘　木工：高桥一成

一楼也设置食品储藏室，确保足够的收纳空间

一楼

在一楼起居室的周围设置多个楼梯井，有助于起居室空间的开放和明亮

建筑概要

设计、施工：加贺妻建筑公司

家庭结构：夫妇和孩子

用地面积：153.82 m²

一楼使用面积：47.20 m²

二楼使用面积：41.98 m²

使用面积总和：89.18 m²

都市型 **二楼的光线能够射入一楼的住宅**
目黑 T 公馆　设计、施工：加贺妻建筑公司

平面图

二楼

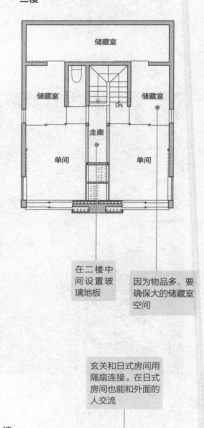

高侧窗

一楼的起居室。因为在密集的住宅区，通过高侧窗采光和通风。穿过左侧拉门外的外廊可以进入小庭院。

在二楼中间设置玻璃地板

因为物品多，要确保大的储藏室空间

从日式房间看起居室。隔扇全部打开，起居室和日式房间相连接。住宅位于东京的住宅密集区。

玄关和日式房间用隔扇连接。在日式房间也能和外面的人交流

一楼

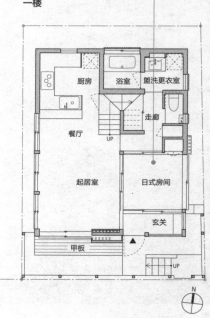

二楼有多个天窗，二楼的地板做成玻璃地板，可以使光线投射到一楼。

建筑概要

设计、施工：加贺妻建筑公司
家庭结构：夫妇
用地面积：88.33 m²
一楼使用面积：52.17 m²
二楼使用面积：40.57 m²
使用面积总和：92.74 m²

从一楼看二楼的玻璃地板和天窗。

设计：高桥一总、棚桥由佳　监督：岩本龙一　木工：铃木明宏

84

郊外型小户型住宅

 郊外型 **用室内装修完善家庭空间的住宅**
S 公馆　设计、施工：加贺妻建筑公司

沙发床　　　　木甲板阳台

二楼的起居室、餐厅兼厨房。铺设榻榻米的地台和餐厅。图片上未显示的厨房采用了固定安装的成品。把阳台设置在起居室外侧。

二楼的日式房间。窗户的附近铺着木板。

从二楼阳台看外面。因为是郊外的住宅区，所以被大自然包围。

外墙铺着木板，和周围的环境融合在一起。

设计：高桥一总、高宫秀和　监督：吉村政弘　木工：大友天

平面图

阁楼

二楼

和阁楼收纳空间连接的楼梯　　把固定安装的地台、餐厅和厨房集中成一个场所

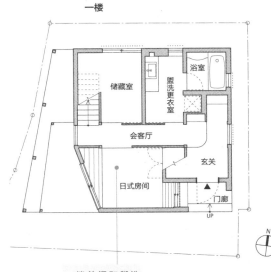

一楼

一楼单间和盥洗室、浴室都打造成小型的

建筑概要

设计、施工：加贺妻建筑公司
家庭结构：夫妇
用地面积：113.27 m²
一楼使用面积：42.11 m²
二楼使用面积：39.20 m²
使用面积总和：81.31 m²

85

起居室天花板较高的住宅

K 公馆　设计、施工：加贺妻建筑公司

日式房间　　　　楼梯　　　　卫生间

从起居室看二楼的日式房间和楼梯室。和日式房间毗邻的起居室的天花板变高，增加空间开放感。

二楼起居室和日式房间。日式房间打造地台，成为一个舒适场所。

长桌子是宽阔的操作空间，可以确保厨房宽绰。厨房的旁边有食品储藏室。左边图片是从楼梯室仰视的情形。

从二楼仰视天花板。铺木板的部分成为阁楼收纳。右边图片中房屋的周围有一些郊外清净的住宅区。

设计：高桥一总、高宫秀和　监督：岩本龙一　木工：铃木明宏

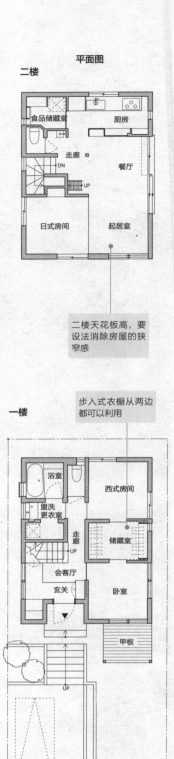

平面图

二楼

食品储藏室　厨房
走廊
餐厅
日式房间　起居室

二楼天花板高，要设法消除房屋的狭窄感

一楼

步入式衣橱从两边都可以利用

浴室
盥洗更衣室
走廊
会客厅
玄关
西式房间
储藏室
卧室
甲板

建筑概要

设计、施工：加贺妻建筑公司
家庭结构：夫妇和孩子
用地面积：111.00 m²
一楼使用面积：38.09 m²
二楼使用面积：39.74 m²
使用面积总和：77.83 m²

郊外型

二楼有露台的住宅

K 公馆　设计、施工：加贺妻建筑公司

平面图

二楼

甲板1

起居室

杂物间

餐厅、厨房

DN

浴室　盥洗更衣室

甲板2

把厨房设置在中间，创造环形的动线

杂物间　起居室

二楼的起居室和外观。起居室天花板很高，空间十分开放，和露台相连接。二楼露台的扶手一直延伸到一楼，成为外观上的装饰。

设置在二楼起居室的镂空楼梯，使空间没有压迫感。右边图片是起居室百叶帘里面的杂物室。

打开窗户，可以和外面的绿色连在一起。右边的图片是在玄关地板设置的地窗。

一楼

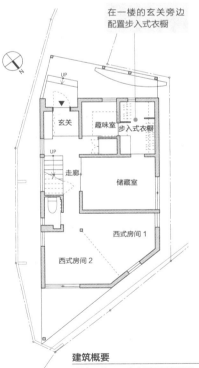

在一楼的玄关旁边配置步入式衣橱

UP

玄关　趣味室　步入式衣橱

UP

走廊　储藏室

西式房间1

西式房间2

能欣赏外面风景的开放式浴室。浴室的外面有露台。在楼梯旁边设置采光和取景窗。

设计：高桥一总、代田伦子　监督：吉村政弘　木工：铃木明宏

建筑概要

设计、施工：加贺妻建筑公司
家庭结构：夫妇
用地面积：136.48 m²
一楼使用面积：46.78 m²
二楼使用面积：47.61 m²
使用面积总和：94.39 m²

带螺旋楼梯的住宅

Sha-la　设计：e do design

二楼

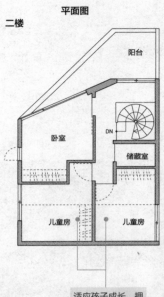

盥洗更衣室的门　　　　　　　学习角

一楼的起居室、餐厅兼厨房。将餐厅作为中心。

适应孩子成长，拥有各种各样功能的儿童房。儿童房的上面设置阁楼。

夜晚的外观。起居室的大窗户向南面庭院打开。

玄关和起居室、餐厅兼厨房连成一体，不会感到狭窄

一楼

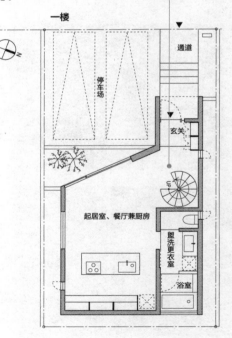

螺旋楼梯在控制楼梯空间方面很方便。另外，做成镂空楼梯，可以使二楼的光投射到一楼。右边图片是设置在厨房背面的学习角。

厨房虽然是小型的，但通过环形动线，使用起来更容易。二楼儿童房的上面设置阁楼。

摄影：西川公朗

建筑概要

设计：e do design
家庭结构：夫妇和两个孩子
用地面积：99.17 m²
一楼使用面积：44.66 m²
二楼使用面积：39.33 m²
使用面积总和：80.99 m²

◆ 郊外型

适合做农活的住宅

木兰之家　设计：Studio ikb+　施工：创和建设

平面图

二楼

儿童房设置得较开放，将来可能设置墙壁

餐厅

从二楼看起居室。起居室上部成为楼梯井，有明亮开放的感觉。

重视食品储藏室等收纳空间

一楼

起居室的楼梯。楼梯的侧面没有壁龛。从楼梯入口的旁边看见的是玄关。

起居室和餐厅的素土地面房间。图片左边部分是素土地面房间，在这里可以穿着鞋工作。

建筑概要

设计：Studio ikb+
施工：创和建设
家庭结构：夫妇和孩子
用地面积：340.95 m²
一楼使用面积：52.17 m²
二楼使用面积：35.19 m²
使用面积总和：87.36 m²

从一楼起居室仰视二楼的儿童房。通过楼梯井将一楼、二楼连接起来。外观是简单的总两层。

用楼梯井增进家人感情的住宅

四照花之家　设计：Studio ikb+　施工：创和建设

平面图

二楼

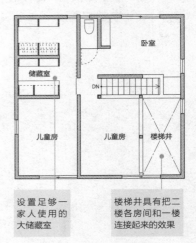

设置足够一家人使用的大储藏室

楼梯井具有把二楼各房间和一楼连接起来的效果

楼梯

一楼的起居室。一楼左边的楼梯把用水房间和起居室、餐厅兼厨房间隔开来。

一楼

客厅除了接待来客，还有多种用途

通过楼梯可直接达到二楼的各个房间，不通过走廊就能进行等距移动。

从二楼的卧室看楼梯井。从卧室能看见儿童房的情况。

左右对称的简单的两层楼房外观。烟囱成为外观上的装饰。

建筑概要

设计：Studio ikb+
施工：创和建设
家庭结构：夫妇和两个孩子
用地面积：361.08 m²
一楼使用面积：52.99 m²
二楼使用面积：43.36 m²
使用面积总和：99.35 m²

起居室带大楼梯井的住宅

郊外型

蛇麻草之家　设计：Studio ikb+　施工：创和建设

二楼

卧室

步入式衣橱

DN

楼梯井

因为二楼有大楼梯井，使用面积不多

盥洗更衣室　　素土地面房间

一楼的起居室、餐厅兼厨房。在原来的厨房周围重新布置，使起居室、餐厅兼厨房的设计融合在一起。

一楼

卧室

盥洗更衣室

浴室

储藏室

UP

素土地面房间

餐厅、厨房

玄关

玄关空间大，可多用途使用。把楼梯旁边的上部做成 R 形入口，把入口里面的空间用作储藏室。

宽阔的素土地面房间有各种各样的用途

盥洗更衣室和厕所的长桌子和洗手盆一起固定在墙上。

建筑概要

设计：Studio ikb+
施工：创和建设
家庭结构：夫妇
用地面积：496.02 m²
一楼使用面积：59.62 m²
二楼使用面积：27.32 m²
使用面积总和：86.94 m²

起居室上面的楼梯井。从天窗进入的光直接到达起居室。外观是简单的两层结构。

儿童房和起居室、餐厅兼厨房连接起来的住宅

町田之家　设计：一川津久见建筑设计室　施工：创和建设

阁楼　　儿童房　　　　　　　起居室、餐厅兼厨房

二楼的儿童房和起居室、餐厅兼厨房。现在是连在一起的，将来可以间隔开。

外墙上的圆窗是其突出之处。靠近道路那边控制窗户数量，采用封闭式设计。

二楼的厕所和一楼的玄关。玄关设置得横向较长，也具有收纳能力。

一楼的盥洗更衣室和从二楼仰视阁楼。为了不感到狭窄，在更衣室的角落设置厕所。

平面图

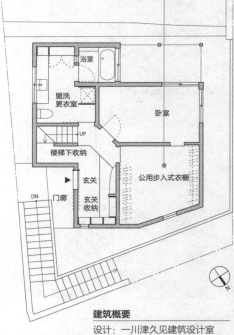

二楼

- 阳台
- 儿童房
- 起居室、餐厅兼厨房
- UP
- 会客厅
- DN
- 食品储藏室
- PC 角落
- 招待用阳台

孩子小的时候作为起居室使用

家中的东西都收纳到步入式衣橱

一楼

- 浴室
- 盥洗更衣室
- 卧室
- 楼梯下收纳
- UP
- 玄关
- 公用步入式衣橱
- DN　门廊
- 玄关收纳

N

建筑概要

设计：一川津久见建筑设计室
施工：创和建设
家庭结构：夫妇和孩子
用地面积：125.64 m²
一楼使用面积：46.78 m²
二楼使用面积：46.78 m²
使用面积总和：93.56 m²

起居室带榻榻米的住宅

郊外型

空山之家　设计：堂本建筑设计公司　施工：创和建设

二楼

走廊　　　　　　素土地面房间　厨房　　　　　　　　走廊

把起居室、餐厅兼厨房的一部分作为榻榻米空间，给人舒畅的感觉。打开隔扇，会感觉更加宽敞明亮。

一楼

楼梯和二楼的走廊。楼梯和一楼走廊的上方是楼梯井，白天很明亮。

卧室和儿童房。现在没有间隔，作为一个房间。厕所的洗手盆是成品。

细长形的素土地面房间被用于各种各样的用途

建筑概要

设计：堂本建筑设计公司
施工：创和建设
家庭结构：祖母、夫妇和孩子
用地面积：398.75 m²
一楼使用面积：56.82 m²
二楼使用面积：41.40 m²
使用面积总和：88.22 m²

二楼的洗手盆和洗衣机空间。位于开放的场所方便使用。外观是一面倾斜的房子和两层结构的简单设计。

起居室明亮的住宅
横滨 O 公馆　设计：井川建筑设计事务所

阳台

因为是住宅区，设置遮挡视线的条状栅栏，成为外观上的特征。

一楼起居室。用楼梯井和高侧窗采光，会感觉到超出面积的宽阔和明亮。内部有榻榻米空间，一天中的大部分时间在这里度过。

二楼的走廊和卧室。打开卧室的拉门，和楼梯井连接起来。二楼走廊旁边的小屋作为书房使用。

夜晚的外观。虽然大窗户面向道路，但条状栅栏可以保护隐私。

摄影：田伏博

平面图

二楼

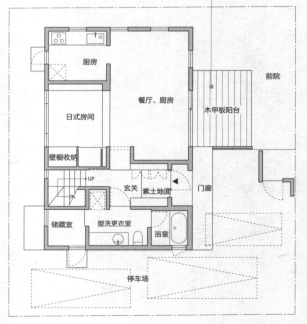

二楼的空间被楼梯井和大阳台占用

包括木甲板阳台在内，作为一个大的起居室空间

一楼

建筑概要

设计：井川建筑设计事务所
家庭结构：夫妇
用地面积：183.30 m²
一楼使用面积：63.76 m²
二楼使用面积：28.15 m²
使用面积总和：91.91 m²

配置大窗户的住宅

筑波 T 公馆　设计：井川建筑设计事务所、ICA 建筑设计事务所

主卧室　　　　　　　　　　　　　　儿童房

二楼主卧室、儿童房的大窗。重视把周围的好景色取景到室内。

从餐厅看到的景色很美。玄关走廊也大量使用玻璃门框，非常明亮，而且不会感到狭窄。

一楼有跟走廊一样的素土地面房间，可以不用脱鞋，是一个多功能空间。楼梯室当作采光井，确保采光。

起居室、餐厅兼厨房内部的榻榻米空间。除了作为休闲放松的场所，还用作来客的卧室。从右边图片能看到窗户很多。

摄影：石井雅义

平面图

二楼

儿童房
儿童房
走廊
阳台
主卧室
仓库

面向风景好的空间配置起居室、餐厅兼厨房

细长形收纳室能够收纳超出面积的很多东西

一楼

榻榻米空间
室外露台
收纳室
素土地面房间
浴室
起居室、餐厅兼厨房
杂物室
入口
UP

建筑概要

设计：井川建筑设计事务所、ICA 建筑设计事务所
施工：创和建设
家庭结构：夫妇和孩子
用地面积：330.58 m²
一楼使用面积：56.80 m²
二楼使用面积：37.49 m²
使用面积总和：94.29 m²

郊外型

二楼有大露台的住宅

S 公馆　设计、施工：Kitokito（Tamada 建筑公司）

餐厅、厨房

从二楼的厨房看起居室和露台。因为露台的墙壁有高度，从外面看不到室内的情况。

从露台看起居室。因为面向露台的墙壁几乎都是窗户，所以室内有明亮开放感。

楼梯室是用钢铁横梁和木制踏板搭在一起的镂空楼梯。很轻松地把从阁楼进入的光线投射到楼梯室及其周围。

一楼的玄关。大块落地窗的设置使得空间相当明亮开放。二楼的露台成为外观设计上的亮点。

建筑概要

设计施工：Kitokito（Tamada 建筑公司）
家庭结构：夫妇和两个孩子
用地面积：120.50 m²
一楼使用面积：52.58 m²
二楼使用面积：54.65 m²
使用面积总和：107.23 m²

平面图

阁楼

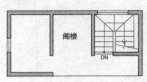

二楼

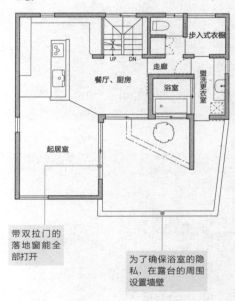

带双拉门的落地窗能全部打开

为了确保浴室的隐私，在露台的周围设置墙壁

一楼

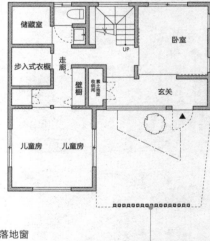

采用玻璃墙壁的玄关外设有条状栅栏，以保护隐私

用素土地面和楼梯把房间分成两部分的住宅

1950-house 设计：l'Aube 工作室

平面图

阁楼

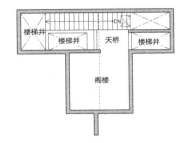

二楼

用一楼素土地面房间、二楼楼梯井加楼梯把房间分成两部分

阳台　　　　儿童房

房屋外观。配合阳台和窗户等平面设计，设计外观。

一楼素土地面房间和楼梯。玄关和素土地面房间成为一体，能够用于各种各样的用途。楼梯向素土地面房间的上方延伸，一直持续到阁楼内部。

从二楼卧室看天桥和自由空间。天桥面向楼梯井，具有空中走廊般的开放感。

从一楼素土地面房间看厨房。右边图片是阁楼，有足够的收纳空间。

一楼

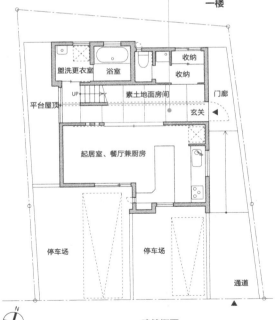

建筑概要

设计：l'Aube 工作室

家庭结构：夫妇和孩子

用地面积：120.63 m²

一楼使用面积：43.30 m²

二楼使用面积：42.03 m²

使用面积总和：85.33 m²

郊外型 带楼梯井的五角形住宅
Pentagon house　设计：饭田亮建筑设计室

楼梯

二楼

壁橱

西式房间

楼梯井

DN

起居室的上方采用
楼梯井的形式，让
人感觉很宽敞

楼梯设置在不规则起居室墙边
的矮柜上方。矮柜同时作为通
往二楼楼梯的台阶。

一楼

玄关　小鞋柜

厨房

盥洗更衣室

浴室

餐厅

UP

把用水房间设置成小
型的，集中在一楼

起居室旁边的楼梯是镂空楼
梯。没有压迫感，不会遮挡
外面进入的阳光。

外观。外侧有走廊，可以从
起居室出去。

建筑概要
设计：饭田亮建筑设计室
家庭结构：夫妇
一楼使用面积：47.50 m²
二楼使用面积：20.10 m²
使用面积总和：67.60 m²

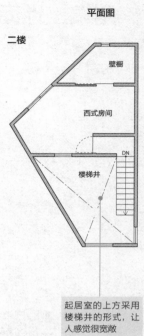

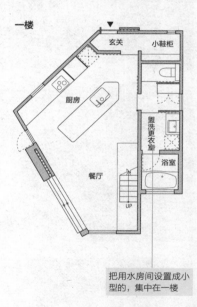

郊外型 二楼设有大露台的住宅
airgrass　设计：饭田亮建筑设计室

阁楼　盥洗更衣室　　　　厨房

二楼的起居室。把外面的大露台作为第二起居室有效利用，弥补其狭窄感。左边墙壁的另一侧是用水房间。

从二楼用水房间上面的阁楼看二楼的起居室、餐厅兼厨房。能够看到下面的空间配置齐全。

在起居室的墙壁上设置用于采光、通风的窗户。浴室设置大窗户，可以边欣赏风景边泡澡。

屋顶设置太阳能板。外观上二楼的露台是其突出之处。

平面图

二楼

浴室　盥洗更衣室　家务室
DN
起居室　　厨房
木制甲板
防水甲板

二楼的露台占用很大空间，作为第二起居室来使用

一楼的单间结构对称

一楼

库房　儿童房　儿童房　壁棚
UP
厕所　储藏室　玄关　西式房间
停车场
库房

N

建筑概要

设计：饭田亮建筑设计室
家庭结构：夫妇和两个孩子
用地面积：195.00 m²
一楼使用面积：44.70 m²
二楼使用面积：44.70 m²
使用面积总和：89.40 m²

郊外型

带宽幅木制甲板的分售住宅
深江平底船Ａ栋　设计、施工：浜松建设

餐厅

起居室　　厨房

从起居室看木制甲板。有长桌子墙壁的背面是厨房。右上角的图片是厨房的情况。在前面设置可移动架子，以营造室内装饰的统一感。右下图是外观。外墙采用的是黑色木板壁。

从玄关看走廊。突出的是浴室等用水房间。右边图片是卧室里面的步入式衣橱。

从内侧和外侧看玄关。在玄关素土地面房间的旁边备有鞋柜。

西式房间和卧室。均有大致6张榻榻米大并带有收纳空间。

一楼　　　　　　平面图

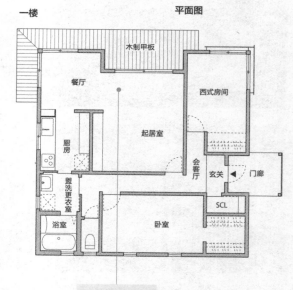

木制甲板

餐厅

厨房

起居室

西式房间

盥洗更衣室

会客厅

玄关　　门廊

浴室

卧室

SCL

把起居室和餐厅的空间间隔开

建筑概要

设计、施工：浜松建设

家庭结构：夫妇和孩子

一楼使用面积：77.84 m²

郊外型

房间布局简单的分售住宅1

深江平底船B栋　设计、施工：浜松建设

二楼

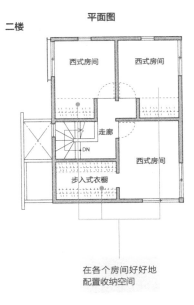

在各个房间好好地
配置收纳空间

盥洗更衣室

从厨房看起居室。站在厨房可以
看到起居室的落地窗。

从起居室看厨房。不做吊顶，以
确保高度。厨房墙壁铺设木板，追
求室内装饰的统一感。

简单的长方形起居室、
餐厅兼厨房。在左侧配
置玄关、楼梯、用水房
间，不会浪费空间

一楼

二楼用作儿童房的西式房间内设
置壁橱。作为主卧室的西式房间
里侧设置足够大的步入式衣橱。

起居室的落地窗。在外侧
铺设木制甲板。外观是简
单的两层结构。

建筑概要

设计、施工：浜松建设
家庭结构：夫妇和孩子
一楼使用面积：39.75 m²
二楼使用面积：39.75 m²
使用面积总和：79.50 m²

郊外型

房间布局简单的分售住宅 2
深江平底船 C 栋　设计、施工：浜松建设

盥洗更衣室

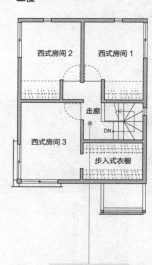

从楼梯很容易进入
各个房间

从厨房看起居室。在竖长型的
起居室、餐厅兼厨房，能匀称
地设置厨房、餐桌和沙发。

一楼

这个条状栅栏能防
止玄关被全部看到

从楼梯方向看起居室。因
为角落窗户设置得很大，
所以很明亮。

玄关有窗户，很明亮，收
纳充足。右边图片是西式
房间的步入式衣橱。

二楼的西式房间，内部设
有收纳空间。右边图片是
用条状栅栏将玄关围绕起
来，使外观极具特色。

建筑概要

设计、施工：浜松建设
家庭结构：夫妇和孩子
一楼使用面积：39.75 m²
二楼使用面积：39.75 m²
使用面积总和：79.50 m²

郊外型

两栋合到一起的分售住宅
深江平底船 D 栋　　设计、施工：浜松建设

二楼

玄关门厅

通向木制甲板的窗户

西式房间 3

步入式衣橱

会客厅　DN

西式房间 2

阳台

预计将来设置隔断，并安装两个门

一楼的起居室、餐厅兼厨房。室内不做吊顶，确保天花板高度，以避免压迫感。

独立的房间可用作来客和主人双亲的卧室等

一楼

从厨房看起居室。厨房采用成品家具，起居室旁边的墙壁铺瓷砖，作为室内装饰。

西式房间 1

会客厅　玄关　门廊

浴室　SCL

盥洗更衣室　厨房

起居室　餐厅

UP

木制甲板

玄关没有全部铺上木地板。靠里侧的空间用于收纳。玄关门厅部分没多少进深，设置地窗，设法不显得狭窄。

二层楼房和配房组合在一起的外观。简单的现代设计。

建筑概要

设计、施工：浜松建设
家庭结构：夫妇和孩子
一楼使用面积：59.62 m²
二楼使用面积：39.74 m²
使用面积总和：99.36 m²

103

带中庭的两栋式住宅

郊外型

风之森　设计、施工：松浦建设

儿童房

带中庭的起居室。因为二楼有楼梯井和窗户，所以明亮又开放。

看上去两栋并列的外观。两栋楼房用走廊连接在一起。

起居室上方楼梯井的情况。起居室的正上方是儿童房。从客厅角落看起居室、餐厅兼厨房。

二楼的儿童房。窗户很多，白天相当明亮。将来可以设置隔断分隔开。

平面图

二楼

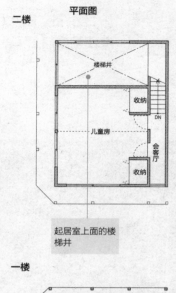

楼梯井

收纳

儿童房

DN

会客厅

收纳

起居室上面的楼梯井

一楼

N

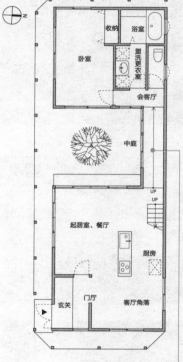

收纳　浴室

卧室

盥洗更衣室

会客厅

中庭

起居室、餐厅

UP
UP

厨房

玄关　门厅

客厅角落

走廊的里面是私人区域

建筑概要

设计、施工：松浦建设

家庭结构：夫妇和孩子

104

具有很多收纳空间的住宅
SUPER HYBRID ECOSTAGE　设计、施工：松浦建设

以楼梯室和走廊为
中心，单间门、收
纳门和门扇并列

厨房

起居室和厨房。
突出茶色的设
计。厨房收纳不
显眼，和室内装
饰相融合。

起居室旁边的楼梯。门通往
玄关门厅，中间的小门内是
壁龛收纳空间。右边图片是
从厨房看起居室。在里面配
置榻榻米空间。

食品储藏室设
置在厨房旁边

二楼围绕楼梯室的
各个房间的门和收
纳空间的门并列。

从道路一侧看外
观。中间的四个窗
户是楼梯室的高侧
窗，用以采光。

建筑概要

设计、施工：松浦建设
家庭结构：夫妇和孩子

105

一楼有长条形素土地面房间的住宅

郊外型

南柏之家　设计：饭田贵之建筑设计事务所

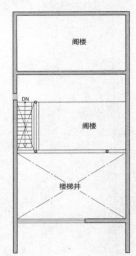

浴室　　　　　　　　阳台

盥洗更衣室和阳台。此阳台用于晾衣服。

二楼

设置在一楼的素土地面房间。素土地面一直延伸到房间内部，可以收纳自行车等物品。从该房间可以进入其他房间。

设置在餐厅角落的学习角。外观的突出之处是设置在阳台左右的翼墙。

一楼

建筑概要

设计：饭田贵之建筑设计事务所

家庭结构：夫妇和孩子

用地面积：112.58 m²

一楼使用面积：47.82 m²

二楼使用面积：47.82 m²

使用面积总和：95.64 m²

外观。单面坡屋顶和黑色墙壁上的木阳台是亮点。

摄影：齐藤成

106

两个方向都有阳台的住宅

郊外型

取手之家　设计：饭田贵之建筑设计事务所

平面图

二楼

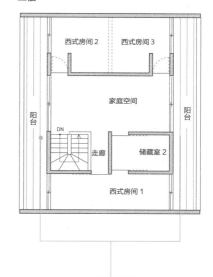

能从二楼的各个房间
去两个方向的阳台

西式房间

二楼家庭空间。门的里面是儿童房。右边图片是从家庭室的阳台往外看，景致很好。

从阳台和翼墙能看出二楼的空间很大。建筑物正面有很多窗户，给人留下舒服的印象。

一楼

南面方向是悬崖，因为用地周围树木茂盛，景致非常好。从浴室看到的景色也很好。

摄影：饭田贵之

建筑概要

设计：饭田贵之建筑设计事务所

家庭结构：夫妇和两个孩子

用地面积：175.49 m²

一楼使用面积：49.68 m²

二楼使用面积：49.68 m²

使用面积总和：99.36 m²

107

郊外型

带环游式阁楼的住宅
土浦之家 1　设计：饭田贵之建筑设计事务所

玄关　　厨房　　　　楼梯　　盥洗室

从起居室看厨房、玄关。起居室是长方形的，用着称手。

玄关有洗手盆，洗完手再进入室内。厕所利用了楼梯下面的空间。

去阁楼用的梯子。阁楼沿着墙壁铺地板，正中间是楼梯井。

二楼的盥洗更衣室设有厕所和简易洗手盆。外观是两层结构，把窗户集中设置在面向庭院的一侧。

摄影：椎木广

平面图

三楼

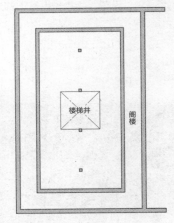

楼梯井　　　阁楼

二楼

儿童房1　儿童房2

走廊　　DN

阳台

盥洗更衣室

主卧室

浴室

用水房间把一楼和二楼分割开，浴室设置在二楼的角落

一楼

步入式衣橱

盥洗室

起居室、餐厅

厨房

玄关

门廊

N

UP

建筑概要

设计：饭田贵之建筑设计事务所
家庭结构：夫妇和两个孩子
用地面积：275.62 m²
一楼使用面积：49.68 m²
二楼使用面积：49.68 m²
使用面积总和：99.36 m²

郊外型

把钢琴内装到地板的住宅

土浦之家3 设计：饭田贵之建筑设计事务所

二楼

从家庭空间出入
各个房间的动线

主卧室　厕所

二楼的家庭空间上半部分是楼梯井。从这个家庭空间出入各个房间。右边图片是二楼卧室，铺有榻榻米，营造平静的氛围。

一楼

一楼的起居室、餐厅兼厨房。室内装饰大量使用木材。右侧是厨房。

从厨房一侧看起居室。房梁露出，使天花板显得很高，感觉不到狭窄。

白天和夜晚的外观。窗户的配置匀称，平面设计也有整合性。

摄影：椎木广

建筑概要

设计：饭田贵之建筑设计事务所
家庭结构：夫妇和两个孩子
用地面积：238.42 m²
一楼使用面积：49.68 m²
二楼使用面积：49.68 m²
使用面积总和：99.36 m²

平房小户型住宅

平房

有工作空间的平房
土浦之家 2　设计：饭田贵之建筑设计事务所

厕所　　　　盥洗更衣室　工作空间　　　　卧室

从厨房看工作空间。在工作空间设置桌子，能够工作和读书。在厨房吊柜的上面设置窗户，确保白天有足够的亮度。

建筑概要

设计：饭田贵之建筑设计事务所
家庭结构：夫妇
用地面积：244.01 m²
一楼使用面积：74.52 m²

因为厨房、厨房收纳是一起打造的，所以设计上有统一感。

平面图

浴室　收纳　工作空间　收纳　玄关
盥洗更衣室
厨房　餐厅　卧室　收纳

集中墙面收纳，谋求空间效率化

起居室

打开窗户餐厅很明亮，拉上隔扇则有一种平静的气氛。

摄影：饭田贵之

平房

有两处长外廊的住宅

T 公馆　设计：TSD+

厨房

厨房和起居室。可以在长桌子和起居室用餐，在起居室睡觉，还可以在无腿靠椅上惬意地休息。空间虽小，却功能俱全。

从起居室看走廊、玄关方向。左边里面的房间是卧室。用隔扇能够把卧室和走廊隔开。右边图片是把原先设置在起居室的梧桐木衣柜重新打造成电视柜。

墙壁铺设丝柏木材的浴室。在起居室和卧室的外侧设置木制甲板。

从庭院看起居室。窗户很大，明亮开放的起居室。右边图片屋顶向两个方向倾斜，在其间设置高侧窗采光。

平面图

把拉门作为开放式房间的中心

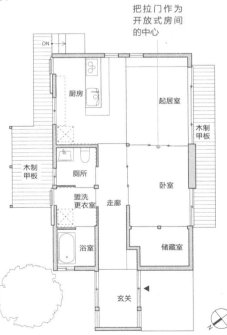

DN

厨房

起居室

木制甲板

木制甲板

厕所

卧室

盥洗更衣室

走廊

浴室

储藏室

玄关

N

建筑概要

设计：TSD+

家庭结构：夫妇和孩子

用地面积：957.09 m²

一楼使用面积：61.49 m²

平房

带大窗户的"く"形住宅
E家的住处　设计：饭田亮建筑设计事务所

厨房

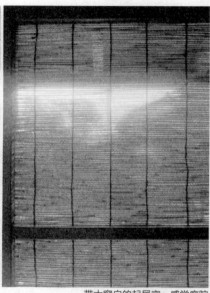

带大窗户的起居室。感觉庭院很近。窗户设有竹帘，夏天放下来就可以遮挡日晒，但风能进来。

从和上图相反的方向看起居室的窗户。电视搁板等采用固定安装。

浴室。设置大窗，明亮且景致好。玄关位于起居室的背面。

平面图

修建好的厨房设置在起居室的里面。因为有砌石和植栽，不用担心来自道路的视线。

建筑概要

设计：饭田亮建筑设计事务所
家庭结构：夫妇和孩子
用地面积：275 m²
一楼使用面积：66.54 m²

平房

起居室带榻榻米的住宅
S家的住处　设计：饭田亮建筑设计事务所

浴室　　厨房

从铺有榻榻米的起居室看厨房方向。起居室不仅是成年人和孩子放松休息的场所，还有各种各样的生活用途。

平面图

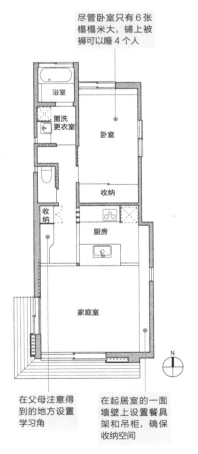

尽管卧室只有6张榻榻米大，铺上被褥可以睡4个人

浴室

盥洗更衣室

卧室

收纳

收纳

厨房

家庭室

N

在父母注意得到的地方设置学习角

在起居室的一面墙壁上设置餐具架和吊柜，确保收纳空间

从厨房看起居室和庭院。在起居室外侧设置走廊，把起居室和庭院连接起来。卧室也铺设有榻榻米。

把用水房间集中到一个区域，让家务动线和生活动线更加完整流畅。与榻榻米和起居室相比，厨房地板低一些，可以和坐在榻榻米上的家人平视。

建筑概要

设计：饭田亮建筑设计事务所
家庭结构：夫妇和孩子
一楼使用面积：60.24 m²

带内置车库的住宅

平房

那珂之家　设计：饭田贵之建筑设计事务所

木制甲板　玄关　车库

屋顶一直延伸到车库，具有整体感。外观在横向上呈长条形。

建筑概要

设计：饭田贵之建筑设计事务所

家庭结构：夫妇和孩子

用地面积：145.34 m²

一楼使用面积：87.44 m²

平面图

N

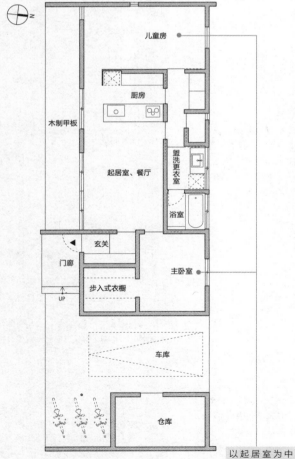

儿童房

厨房

木制甲板

盥洗更衣室

起居室、餐厅

浴室

玄关

门廊

UP

步入式衣橱

主卧室

车库

仓库

以起居室为中心，把起居室分成左右两部分

摄影：椎木广

带露台的住宅

平房

福冈堰之家　设计：饭田贵之建筑设计事务所

卧室　厨房

从露台看厨房。把窗户全部打开，露台作为第二起居室使用。

建筑概要

设计：饭田贵之建筑设计事务所

家庭结构：夫妇

用地面积：453.64 m²

一楼使用面积：69.56 m²

平面图

大露台作为第二起居室使用

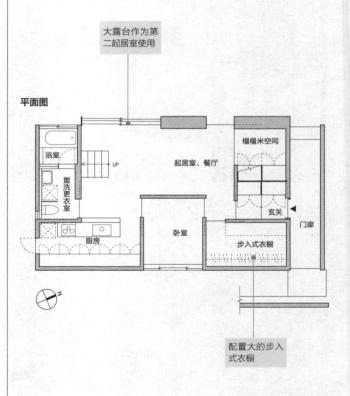

浴室

UP

盥洗更衣室

榻榻米空间

起居室、餐厅

玄关

门廊

厨房

卧室

步入式衣橱

N

配置大的步入式衣橱

摄影：饭田贵之

饭田亮建筑设计室
栃木县河内郡上三川町上
蒲生 2351-7

井川建筑设计事务所
茨城县稻敷市古渡 613

伊佐 HOMES
东京都世田谷区濑田
2-26-7

l' Aube 工作室
三重县四日市市莳田
4-4-20

一川津久见建筑设计室
神奈川县相模原市中央区
矢部 4-3-13-402

饭田贵之建筑设计事务
所
茨城县稻敷郡阿见町阿见
5104-3

115

e do design
茨城县土浦市港町 3-7-7

Kitokito
广岛县福山市手城町
1-9-2

奥山裕生设计事务所
东京都板桥区向原
2-23-8-307

创和建设
神奈川县相模原市绿区小
渊 1707

加贺妻建筑公司
神奈川县茅崎市矢畑
1395

Studio ikb+
神奈川县相模原市藤野町
名仓 534-1

吉 创 意 设 计 事 务 所
+Atelier como
茨城县筑波市研究学园 4
丁目 6-3

Tamada 建筑公司
广岛县福山市南藏王町 5
丁目 10 番 6 号 2 楼

TSD+

茨城县土浦市田中 1-1-4

堂本建筑设计公司

山梨县上野原市松留 627

浜松建设

长崎县谏早市森山町唐比北
341-1

松浦建设

青森县陆奥市柳町 4-12-25

117

图书在版编目（CIP）数据

小户型设计解剖书 ／ 日本 X-Knowledge 编 ；李慧译
. —— 南京 ：江苏凤凰科学技术出版社，2016.6
ISBN 978-7-5537-6263-0

Ⅰ．①小… Ⅱ．①日… ②李… Ⅲ．①住宅－室内装
饰设计－图集 Ⅳ．① TU241-64

中国版本图书馆 CIP 数据核字 (2016) 第 069741 号

江苏省版权局著作权合同登记章字：10-2016-026 号
SENSE WO MIGAKU JYUTAKU DESIGN NO RULE 7
© X-Knowledge Co., Ltd. 2015
Originally published in Japan in 2015 by X-Knowledge Co., Ltd. TOKYO,
Chinese (in simplified character only) translation rights arranged with
X-Knowledge Co., Ltd. TOKYO,
through Tuttle-Mori Agency, Inc. TOKYO.

小户型设计解剖书

编　　　者	[日]　X-Knowledge	
译　　　者	李　慧	
项 目 策 划	凤凰空间/陈　景	
责 任 编 辑	刘屹立	
特 约 编 辑	陈　景	

出 版 发 行	凤凰出版传媒股份有限公司
	江苏凤凰科学技术出版社
出版社地址	南京市湖南路1号A楼，邮编：210009
出版社网址	http://www.pspress.cn
总 经 销	天津凤凰空间文化传媒有限公司
总经销网址	http://www.ifengspace.cn
经　　　销	全国新华书店
印　　　刷	深圳市雅仕达印务有限公司

开　　　本	889 mm×1 194 mm　1／16
印　　　张	7.5
字　　　数	60 000
版　　　次	2016年6月第1版
印　　　次	2024年1月第2次印刷

标 准 书 号	ISBN 978-7-5537-6263-0
定　　　价	69.00元

图书如有印装质量问题，可随时向销售部调换（电话：022-87893668）。